もくじ

日高敏隆　ネコの時間

町の音

もう半月近くも前になるだろうか。珍しく風邪をひいて、止むなく二日ほど家で休むことになってしまった。熱っぽい体でうとうとしていたら、ふと妙なことを思いだした。

それはぼくがまだ小学生のはじめのころ、同じように学校を休んで寝ていたときに、聞くというのでもなく耳に入ってきた町の音のことであった。

その日はどんよりと曇った冬の日であったと思う。曇った日には音が雲に反響するので、外からいろいろな音が聞こえてくる。

もう風邪も治りかけていたが、起きることを禁じられていたぼくは、しかたなく床に臥せっていた。

どこかで家の普請でもしているのだろうか。木槌の音がときどき聞こえてくる。聞こえてくるというよりは、もともとは木と木の打ち合う固いはずの音が、曇った空に反響して、何ともいえないゆったりしたひびきとなり、それがじわーっと広がっていくという感じである。

その合間に、ときどき犬の声がする。どこの犬がどうして鳴いているのか知らないが、これも空に反響してどこからともなく響いてくる。鳴いている犬はかなり切羽つまった状況にあるのだろうが、とてもそんなふうには聞こえない。

そのうちに木槌の音もしなくなった。そして犬の声も止んでしまった。しばらくして今度は、何か重たいものを積み下ろすような音。

そんな音がしてくるのを、ぼくはぼんやりと聞きながら、いつのまにかまたうとうとと眠ってしまうのであった。

そのころぼくは、東京・渋谷の若木町というところに住んでいた。そこは山手線の渋谷と恵比寿のまん中あたり。山手線の内側にあたる高台だった。高台だったから、よけい町の音が聞こえてきたのかも知れない。

冬が終わって春になると、風に乗って遠くの音も聞こえてきた。今も耳に残っているのは、恵比寿駅のガードを渡る電車の音である。渋谷からきた電車はががかん、がががんとガードを渡り、キ、キーというブレーキの音とともに、恵比寿駅に停る。反対に、恵比寿駅を出た電車は、走り出しのゆっくりしたスピードでガードを渡りはじめるので、まったくちがう音がする。そんな音が暖かい春の風に乗って聞こえてくると、ぼくはしみじみ春だなあと思った。音は騒音ではなく、むしろ快いものであった。

そんな日には家の普請の音や犬の声は聞こえてこなかった。そのかわりに、チチピー、チチピーと鳴く小鳥の声がした。

ぼくは家の中にいながら、町を感じることができた。町からはもっといろいろな音も聞こえてきた。今のように車はなかったから、車の音はほとんどない。高速道路の騒音もない。聞こえるのは、自転車のブレーキの音。夜、何かの集まりの帰りだろうか。珍しくがやがやと人声がして、それが遠ざかっていく。午後はどこかで遊んでいる子どもたちの声。ごく稀に、夜、重いトラックの走る鈍い音もした。ぼくはそれを聞くと、当時恐れられていた流行性脳炎(1)にかかった「眠り病」の子たちが、夜中にこっそり多数集められて、トラックで病院に運ばれていく姿を想像して、いい知れぬ恐怖を感じた。なぜそんなことを想像したのか、ぼくは今でもわからない。

とにかくこれは、建築家ルドフスキー[2]の描く中世の町に近いものであったと思う。中世の町は道を歩く人の足音が聞こえていたと、ルドフスキーはいう。そしてそれによって、城砦(じょうさい)のような中世の町は、人々がみなつながり合い、町は町として生きていたのだという。

いつごろから、そしてどうしてだか知らないが、今の町はすっかり変わってしまった。町で聞こえるのは騒音ばかりであると人はいう。たしかにそうかも知れない。のんびりした木槌の音など、まず聞こえてくることはない。人の歩く足音も車の音に消されてしまう。けたたましく響くのはパトカーと救急車と消防車のサイレンだけ。

チチピーと鳴いていた小鳥もほとんどいなくなり、カラスの声だけがする。町に鳥はいるけれども、そして昔はいなかった外国産の鳥もふえたけれども、どういうわけかそれらの鳥たちは、あまり心和(なご)むような声で鳴いてくれない。町からは音が消えてしまったようである。

けれどぼくはふと気にかかる。はたして音は「消えて」しまったのであろうか？　むしろわれわれが「消して」しまったのではなかろうか、と。

たしかに日本経済の発展に伴(ともな)って、騒音もはげしくなった。飛行機はジェット化され、新幹線は走り、高速道路は張りめぐらされ、それらすべてが騒音を発するようになった。

人々は「音」に敏感になった。空港は町からはるか離れた場所に移され、飛行機の発着回数も発着時間も制限された。新幹線は速度を規制され、防音装置もふやされた。高速道路は音を外に流さぬ壁でおおわれ、外の景色も見えぬ走路となった。それはちょうど、川をコンクリートの護岸で仕切って、ただの水路にしていったのと同じであった。

騒音を防ぐというのはよかったけれど、それは敏感を通りこして過敏にまで進んでしまったようである。犬の声もネコの声もピアノの音も、すべて「騒音」と感じられるようになった。そして音へのこの過敏さは、他のものへも波及していった。秋になって落葉する木は、町をよごすとして嫌われるようになった。実をつける木も追いだされ、実もつけず、葉も落とさぬ、ビニール製とあまり変わらぬ木が「緑」として植えられていった。その一つの結果が、春を告げる小鳥たちの消滅だったかも知れない。

しかし動物としての人間は、端的にいってこういうことに不満を感じる。中世の町に戻ることはできないにしても、人々は町でのコミュニケーションを求めている。そこで多くの町は、コミュニケーション通りやコミュニケーション広場を作りはじめた。そしてそこで音楽ライブをやるようになった。

小鳥の声を復活するために、大都市の駅では小鳥の声をテープで流しはじめた。大きな駅の雑踏（ざっとう）の中に、カッコウの声がする。およそ不自然な人工である。

人工ではない町の音は、はたして復活するのだろうか？

（一九九九年 六九歳）

動物たちの自意識

動物に「自意識」なんてあるのだろうか？　これは誰もがふと感じる疑問だが、これに答えるのはむずかしい。

夜、寝室でベッドのへりに腰かけて、仕事場から持ち帰った書類やコピーを読んでいると、入り口でネコが鳴く。入れてくれと言っているのだ。

立っていってドアを開けると、ネコはありがとうとも言わずにすいと入ってくる。そしてちょっと見まわしてほいとベッドに跳びのり、裾のあたりの布団の上にごろんと寝ころがって、ゴロゴロ言いはじめる。手で体を撫でてやったりすれば、ますますごきげんで、ゴロゴロの声がはげしくなり、幸せそうな表情で目を閉じる。きっとネコは至福の気持なのだろう。

ぼくはやりかけた仕事に戻り、再びコピーや書類をめくったり、書き込みをしたりしはじめる。

二、三分してふとネコを見ると、ネコはじっと目を閉じて眠っている。ゴロゴロの声はずっとおだやかになっていて、耳を近づけないと聞こえない。

ぼくは安心してまた仕事に戻る。書類の中に問い合わせのメールがある。早く返事を下さいというものだ。時計を見ると、まだ夜の一〇時。電話しても大丈夫だろう。

幸い相手もすぐに出て、やりとりが始まる。用件を聞き、こちらの考えを言ったりして、しばし談笑がつづく。昼間は電話をかける間などなかなかないし、相手も動きまわっているから、夜自宅でかける電話がお互いの消息を知り合うひとときだ。

ところが、である。話の途中でふとネコを見ると、さっきはぐっすり眠りこんでいたと思ったネコが、目を開けてじっとこちらを見ているではないか！　ぼくの関心が自分にではなく、電話の相手のほうへ向いてしまっていることに対して、明らかに不満そうな面持（おもも）ちである。

間もなくネコはむっくり起きあがり、やおらベッドから降りて戸口の方へ歩きだす。ごめん。不愉快な気持にさせてしまった！　と思ったときはもうおそい。ネコは戸口のところで伸びをし、床に爪を立てて、二、三度バリバリと掻く。もう出ていく、と言っているのだ。電話の話し相手のほうから、ニャアというネコの声が聞こえてくることもある。声はますますはげしくなり、苛立たしそうに何度も何度も繰り返される。何よ、あたしのことを放っておいて！　と、相手のネコも怒っているのだ。

こんなとき、思わずぼくはネコの自意識を感じてしまう。

多くの研究者たちも、動物の自意識に関心をもってきた。人間以外の動物たちは自分自身というものについてどんなふうに思っているのだろうか？　誰でもそれを知りたがっている。

コロラド大学の動物学者マーク・ベコフが、イギリスの科学誌ネイチャー（二〇〇二年）に書いているとおり、これに対する研究者たちの意見は昔から二つに「分極」していた。

ある人々は、ゴリラとかチンパンジーとかいう大型類人猿なら、自分という意識や概念をもっており、仲間の気持なり「心」を推測することもできると考えている。

けれど他の人々は、この問題は方法論的にむずかしすぎると思っている。なぜなら、動物たちの「心」というものは、人間の心と同じように主観的なものであり、私的なものであるからだ。

こういう「主観的」な問題を「客観的」に扱おうとして、いろいろな方法が試みられてきた。例えば動物が「うそをつく」かどうかを調べるのもその一つである。「うそ」をつくには、自意識が必要なはずだ。そこで動物がうそをつくかどうか、いろいろな人が調べている。

チンパンジーは明らかにうそをつく。

ふたのある箱を左右に一個ずつ置き、仕切りの向こうでこっちを見ているチンパンジーの目の前で、たとえば左の箱にチンパンジーが好きなバナナを入れて、ふたを閉める。

やがて飼育人がやってくる。あらかじめチンパンジーには、この飼育人はよい人で、バナナの入った箱を指すと箱のふたを開けてバナナを取りだし、チンパンジーに渡してくれると教えてある。チンパンジーは嬉しそうに、バナナの入った左の箱を指す。

けれど、あらかじめ「悪い」と教えてある飼育人、つまりバナナをチンパンジーにくれないで自分で食べてしまう飼育人がやってくると、チンパンジーはうそをつく。チンパンジーはバナナの入っていない右の箱を指すのである。

こういう研究や観察は他の動物でもある。餌が与えられると、敵もいないのに警告の鳴き声をあげ、仲間が身を伏せたりかくれたりしたすきに、いち早く餌を食べてしまう小鳥もいるとか。

最近よくおこなわれているのは、類人猿やサルの額に赤い印をつけておき、彼らが鏡を見たとき、その赤い印に指を触れるかどうかを調べる実験である。

自分の顔についた赤い印を気にするのは、われわれもよくやることであり、おそらく自意識の存在を示すものであろう。

けれどベコフは、この「赤い印テスト」には懐疑的である。というのは、鏡を見ても赤い印に触れない個体も多いし、逆に、触れた個体の行動が、鏡というものや人間との接触の経験の上に成り立ったものであって、その動物の野生の個体には現れない行動かもしれないからである。

ベコフのいうとおり、動物たちには視覚によらずに外界を認知しているものも多い。彼らはさまざまな社会的、感覚的、環境的特徴の複雑な網目の中で進化してきた。視覚ではなく、音や匂いで自分や他人を認識しているものだってたくさんいるはずだ。

ベコフは類人猿でもサルでもないオオカミの群れ（パック）の中での行動に触れている。彼らは秩序あるパックの中で生きており、そのためにはよく発達した自意識が必要なはずである。集団で狩りをしたり子育てをしたりするとき、彼らの一匹一匹は、自分が今何をしているか、他の個体が何をしているか、誰がどの場所にいるかを知っていなければならない。

こう考えてみると、人間以外の動物たちも相当な自意識をもっているはずである。そしてかなりのことを「考えて」いるはずである。そのように思って彼らをしっかり見直してみることが、今は必要なのではないだろうか。


（二〇〇三年　七三歳）

生物たちの論理

この地球上にはなんとさまざまな生物がいることか！　多種多様な動物がおり、多種多様な植物がある。そしてまた多種多様な菌類。

そのそれぞれに単細胞のものから、複雑きわまる構造のものまで。種類数でいったらそれぞれに何十万以上。すべてを合わせたら何百万を超えるか、正確なところは誰も知らない。

これを近ごろは生物多様性、バイオダイヴァーシティー（Biodiversity）と呼ぶようになった。それはこの地球上において守らねばならぬ大切なものとして認識されている。

生物多様性というとき重要なのは、種の多様性ではなくて「生きる論理」の多様性であると思う。

いかなる生物も何らかの形で栄養を取りこまねば、生きてゆくことも子孫を残してゆくこともできない。

われわれ人間も含めて、生物である以上そのことには何の変わりもないが、そのやり方は千差万別であった。それが生きるための戦略というか、生きる論理、ロジックの多様性である。

水とか二酸化炭素とかいういわゆる無機物を栄養として生きようという論理を採ったのが「植物」である。無機物を有機物にするためのエネルギーは太陽光から得ることにした。

そのためには地上に立って太陽光を浴びる必要がある。この論理の上に、一年で枯れては種子を残す草から、数千年生きて毎年種子をばらまく大木まで、さまざまな植物が生じた。

そうなると、この植物の体の有機物を栄養として生きようとする論理の「動物」が生じた。それが草食動物である。

草食動物は植物体を消化して栄養を得るためのさまざまな装置を身につける必要があった。

植物の細胞膜の中に囲いこまれた有機物を取りこむには、まずその小さな細胞を破壊させねばならない。それには物理的な方法も化学的な方法もあったろうが、草食動物はそれぞれに適切な手段を「開発」して、栄養をとり、子孫を残していった。それぞれの論理は千差万別で、それに応じて大小さまざまな草食動物が生じた。するとまもなく、この草食動物を食べて生きようとする「肉食動物」が現われる。肉食動物は草食動物とはまったく異なる装置を創り出す必要があった。動物は植物とはちがって、頑丈(がんじょう)な細胞膜などは持っていない。動物体を食べて消化することはそれほど難しくはなかったろうが、草を求めて動きまわる草食動物を捕えるのは大変であった。

一方、草食動物が生じると、植物は草食動物に食べられぬよう葉を硬くしたり、棘(とげ)を生やしたり、あらゆる防衛手段を「考える」。するとそれに対抗して、草食動物もいろいろな戦略をとる。肉食動物にも対応せねばならない。このようにして生物たちは、ますます多様になっていかざるを得なかった。さもなければ両者の存続はあり得なかったからである。

本来、生物とはそれぞれある遺伝子集団をベースにした個体である。

その個体が栄養をとり、育ち、子孫を残すことによって、その生物が生き残ってゆく。そのためには、じつにさまざまな、かつきわめてデリケートな仕組みが必要だが、その仕組みは遺伝子集団を形作っている多くの遺伝子の複雑微妙な働き合いによって、あらかじめプログラムされている。そのプログラムの精妙さは、例えば人間の女の体内で受精がおこり、受精卵が子宮の中の胎児となって成長してゆき、新生児として生まれ出るまでのことを考えただけでもわかる。

生物によってこのプログラムはさまざまに異なっており、じつに多様である。われわれが生物界に感じる驚きと畏敬(いけい)の思いは、このプログラムの多様さに根ざしているのである。

しかし問題はそれだけにはとどまらない。

ある生物の個体が子孫をつくるとは、その個体の遺伝子集団のコピーが生ずるということである。よく知られているとおり、遺伝子がコピーをつくる際には、ある一定の確率で「まちがい」がおこる。

そのまちがいを受け継いだ子孫の大部分は存在も繁殖も不可能であるが、中にはそれが幸いして、親よりももっと生きやすく、子孫を残しやすいものも生じる。遺伝子本来のこのような性質によって、生物は時間とともに多様化してゆく必然性を持つことになる。多様性が増せば、栄養源の多様性も増し、生活の場も生活のしかたも多様になり、それが原因となって多様化はますます促される。

多様化には感覚の多様化も伴う。誰でも知っているとおり、生物はさまざまな感覚によって外界の様子を認知し、それに対応して生きている。植物が季節に応じて花を咲かせ、葉を落すのはその最も明白な例であるが、これが動物になると事態はもっと複雑になる。動物たちはそれぞれが自分に備わった感覚によって外界を「認知」し、その中から自分にとって意味のあるものを選びだして自分の「世界」を構築しているからである。

例えば誰でも知っているモンシロチョウは、その視覚によって外界を認知し、その中で自らの行動を決めながら生きてゆく。

緑色は植物を意味するから、その中には彼らの食物である花が存在する可能性があり、子孫を残すために不可欠な異性もみつけられる可能性がある。だから彼らは緑色の世界の中で生きてゆこうとする。

緑色でないところは彼らにとって世界としての意味を持たないから、彼らはそこから早く遠ざかろうとする。

しかし、緑色でない色は花である可能性も高い。空腹のモンシロチョウはそのようなものを見つけると、とにかく近寄ってみる。

淡い黄色と紫外線の混ざった色は、モンシロチョウのメスの羽という意味をもつ。モンシロチョウのオスはそのような色のものにいち早く飛びつく。彼らが構築し、その中で生きようとしているのは、このようなさまざまな色の世界であるらしい。

しかし残念ながら、人間には紫外線が見えない。モンシロチョウには紫外線と黄色の混ざった特別な色として輝いて見えるであろうメスの羽も、われわれ人間にはオスと同じ色にしか見えない。

その一方、モンシロチョウには赤が見えない。彼らにとって赤い花は存在しないのである。つまり、モンシロチョウとわれわれ人間は、異なった色の世界を見ているのだ。

このようなことは、さまざまな動物のさまざまな感覚についていえる。本来多様である世界は、それぞれの動物による世界構築のしかたの多様さの結果、ますます多様なものになる。われわれ人間が見、感じている世界は、その中の一つに過ぎないのだ。

それは、人間の見る世界と人間以外の生物の見ている世界とが違う、ということではない。人間以外の生物の見ている世界も、おそらく生物ごとに違うのである。それぞれの生物は、そのそれぞれのもつ感覚（知覚）の枠に従ってそれぞれの世界を構築しているからである。

このような思いで生物たちの領域を見るとき、ぼくは自分が旅している世界の豊かさに、今更のように気づくのである。

（二〇〇四年 七四歳）

人間の領域

動物であれ、植物であれ、菌類であれ、すべての生きものはみなそれぞれの種の「生きる論理」をもっている。その論理の多様性が地球上の生物のこのすばらしい多様性を生んでいるのだと考えることができる。

生物の一種である人間も、当然、人間に独自の論理をもっている。誤解を生まぬようあえてつけ加えておけば、これは人間だけが論理をもっているということではなく、人間もまた生物の一つとして、他のあまたの生物と同じく「生きる論理」をもっており、その論理が他の生物たちの「生きる論理」とちがっているということである。

人間の「生きる論理」は他の生物たちのと異なって、ある悩みの上に成り立っているようにみえる。

なぜそのようなことになったのか。それはよく言われるとおり、人間が不幸にも「死」を発見してしまったからではないかと思われるのである。

植物や菌類は別として、多くの動物たちは殺されることへの恐怖をもっているようだ。彼らは何かに襲われたり、捕らえられたりしたときは、何とかしてそこから逃れようとする。その状態が恐ろしいのである。

けれど彼らは「死というもの」は知らないらしい。彼らは恐怖から逃れようとしているだけであって、「死」から逃れようとしているのではないのだろう。

だがどういうわけか、人間は「死」というものの存在を知ってしまった。そしてその死がいずれは自分にも訪れてくるものだということを知ってしまったらしい。

それは人間の脳が、これまたいかなる理由だかわからないがとにかくやたらに発達してしまい、数知れぬ「概念」を作りだしてしまったからであろうと考えられる。

動物心理学や動物行動学の研究がずいぶん昔から示してくれているとおり、人間以外の動物たちもいろいろな概念を持っている。それらの概念は言語化されてはいないけれど、彼ら動物たちがその非言語的概念によってそれぞれの「世界」を構築していることはたしかである。それらは現実の世界ではなく、それぞれの動物がその知覚の枠にしたがって現実から抽出した、いわばイリュージョンの世界なのであるが、動物たちがその世界の中で、それぞれのイリュージョンに導かれて生きていることもまたたしかである。

人間という動物は「死」というものを発見し、それを言語化された概念として認識してしまった。それは言うまでもなく恐ろしいことであった。人間は現実としての「死」ばかりでなく、概念としての「死」の恐怖にも対処せねばならなくなったのである。人間以外の動物にはない、何らかの形での信仰心や宗教心が生まれたのはそのためであったろう。

その根本は「死」の否定であったと考えられる。「死んだのちもじつは生きている。」そう考えなければいたたまれなかったのではないだろうか。

人間以外の動物は、それぞれの知覚の枠の中で世界を構築する。人間にももちろん知覚の枠がある。たとえば人間は昆虫その他の動物が知覚し光ないしは色として実際に感じている紫外線を、目で見て実感することはできない。けれど紫外線は実在しているから、人間の肌はその作用を受けて日焼けする。

今からわずか一〇〇年程度前、人間は自分が考え出したいろいろな技術とそれを応用した機器によって、紫外線というものの存在を知った。そしてたとえば紫外線よけのクリームなども作りだした。

これ自体はごく最近の話であるが、人間は大昔からこのようなことをやっていたのである。それは人間が得意とする「論理的な」イリュージョンによるものであった。ここでいう「論理」とは、「生きる論理」というときの論理より次元の低いものであって、理論とか理屈とか言うべきものかもしれない。

しかしとにかく、人間の「発達した」脳は、このような理屈によってさまざまなイリュージョンを作りあげた。そのいくつかは「思想」あるいは「哲学」になり、またいくつかは技術や器械を生みだした。

重要なのは、それらの多くが知覚の枠を超えたものであるということである。

こうして人間という動物は、自分が知覚できないものを「論理」で組みあげて、現実には認知できないもの、そして現実からは抽出できないものを、イリュージョンという現実に仕立てあげてきたのである。

それを一口で表現しようとすれば、人間の「美学」といえるかもしれない。

「死」が無でも終焉でもないためには、死後の生命がなければならない。そして死後の世界がなければならない。そんなものは誰一人見たことも感じたこともないはずなのに、「論理」によってあたかも現実であるかのように組み上げることができる。エジプトをはじめ多くの文化が、死後の生のためにさまざまなしつらえをした。死んだのち何かに生まれ変わるという輪廻の思想もきわめて古くから信じられている。

しかし今日では、こういうのはいささか「古くさい」考えで、それを乗り越えた美学が一般的になっているのかもしれない。

それは「人生の意味」という美学である。「生きる意味」、「生きがい」、「生きるに値する生活」。ことばはいろいろあるけれど、その内容は同じであるようにみえる。しかし、意味のある一生を送ったら、死んで無になってしまってもよいのか？　いや、それではやはり情けない。

自分が死ぬのは仕方ないが、何かは後世に残ってほしい。これはまさに人間の美学であり、他の動物には到底あるとは思えないものである。

「利己的な遺伝子」論を展開したイギリスの生物学者リチャード・ドーキンス[1]は、「人間は生物進化の流れのままに自分の遺伝子を残すだけでは満足せず、自分のミーム(模倣子)も残したいと願っている」とした。

ミーム(meme)とは自分の作品、仕事、自分の名、いうなれば自分の存在したことの証である。人間はそれが後世に残ってほしいと願っているとドーキンスは指摘したのである。

シェークスピアの作品やベートーヴェンの曲は、彼らが死んでしまった今も広く世に伝わって残っている。これらは彼らのミームである。けれど自分の作品が今も読まれ、演奏されていることを、死んでしまったシェークスピアやベートーヴェンが知っているはずはない。これはまさに美学に他ならない。

だが古代のすばらしい遺跡や残された文化を見るたびに、それらを作った人々の気持ちが伝わってくるような気がする。「自分が死んだあとも、自分の作品は残る。」それらの人々はそう思っていたのではなかろうか。

だとすれば、自分のミームを残したいという人間の美学が人間の「文化」を形作ってきたのだと言える。

しかしその一方、人間の美学は大昔から数限りない戦争をひきおこしてきた。ナチスやソビエト連邦はヒトラーやレーニンの美学が生んだものであり、最近の二度にわたるアメリカとイラクの戦争も、親子二代にわたるブッシュの美学の産物である。いわゆる地球環境問題の大部分も、「自然を支配する人間の力」という美学が立ち至った悲劇的な結果ではなかったか。

人間の美学は人間の偉大な文化や芸術や学問・技術を生んだけれど、驚くほどたくさんの人を殺し、不幸な人間を作り出した。しかしこの美学なるものは、人間以外の動物にはない、人間独自の「生きる論理」の根幹である。いったいどう考えたらよいものだろうか。

（二〇〇四年 七四歳）

ネコたちの認識する世界

陶器のネコはどう見えたか

ぼくは三〇年以上前からネコを飼っている。もちろん同じ一匹のネコではなく、次つぎに代替わりしている。同時に一〇匹を超すネコがいたこともあるし、一匹しかいなかったこともある。

ネコにも個性のようなものがあって、いろいろなネコがいた。そのネコたちのしていることを見ていると、彼らが自分たちのまわりの世界をどのように認識しているかがわかってきて、大変興味深かった。

あるとき妻のキキが、鎌倉か横浜で、非常にうまくできた陶器のネコの置物を買ってきた。イギリス製ということであったが、青みがかった灰色をしていて、大きさは、ちょうど実際のネコぐらい。座ったネコがじっと、ゆったりとした顔つきでこちらを見ている。そういうネコの置物であった。

あるとき、このネコの置物をテーブルの上に置いておいた。

しばらくしてぼくは、その時に家にいた大きなオスネコが、何かしきりに唸（うな）っていることに気がついた。行ってみると、そのオスネコはこの陶器のネコの置物に向かって、身構えて、攻撃しようとしているのである。オスネコは、背を丸めるようにして、歯をむき出して唸っている。しかし、陶器のネコはもちろん何の反応もしない。攻撃しようとするオスネコをただじっと見ているだけである。

オスネコはだんだん怖くなってきたらしい。背中がますます丸くなり、耳が後ろにふせられて、非常な恐怖心をもっているときの姿になってきた。唸り声もますますすごくなる。しかし、陶器のネコはまったく動じない。

これだけの威嚇（いかく）に怖がらないということは、ものすごく強いネコだとオスネコは感じたのであろう。ますます恐怖に満ちた姿勢になり、唸り声だけはますます激しくなる。

とうとうそのオスネコは、勇を鼓して、右手をあげ、爪を立てて、陶器のネコを引っかこうとした。とたんにそのオスネコの爪は陶器のネコをたたき、カチンという音がした。そのときのオスネコの本当にびっくりした顔がじつにおかしかった。それ以来、そのオスネコは陶器のネコをなんとも思わなくなった。

ネコはわかってしまったのであろう。しかし、オスネコが陶器のネコを本当のネコだと思っていたことは確かである。それがとても不思議だった。なぜならば、その陶器のネコにはもちろん毛など生えてない。形が完全にネコだというだけのことであって、もちろん匂いもしない。しかし、オスネコは陶器のネコを本当のネコだと思ったのである。ネコは何を以ってネコをネコだと認知しているのだろうか。

そこでこのオスネコに、非常にネコらしくできた縫いぐるみを与えてみた。大人のネコの大きさのものとか、子ネコくらいの大きさのものを与えたり、見せてやったりした。するとそのオスネコは、ぼくらにはじつに本物のネコらしく見える縫いぐるみに近づいていって、ころがしてみたり、ちょっと噛んでみたりする。つまり、遊んでしまうのである。ネコだと思っているとは到底思えない。しかし、ぼくらからみると、こういう縫いぐるみは毛が生えていて、匂いこそしないが、本当にネコだと思える、可愛いネコの縫いぐるみなのであった。

いったいネコは他のネコをどう思っているのだろう。それが大変気になった。

あるときぼくは、本だったか論文だったかで、子ネコに親ネコの絵を描いて見せてやると、本当の親ネコにするようにじゃれつくということを読んだ。この話はぼくの興味をひいた。

描かれたネコへの反応

そこでさっそく、少し大きめの画用紙にマジック・インキで簡単なネコの線画を描いた。四つ足で立っているネコの姿である。しっぽは右のほうにすこし伸ばしておいた。驚いたことにネコたちは、すぐに絵に寄ってきた。メスネコは首をのばすと、ちょうど、絵のネコの前足の付け根から肩くらいのところに口が触れる。そして、絵に描かれたネコに鼻先をつけて、くんくんと匂いをかぐのである。ぼくはびっくりした。次に子ネコがちょこちょこやってくる。子ネコは背が低いので、絵のネコに鼻を近づけると、鼻先は前足に触れる。すると同じように、子ネコはくんくんと絵のネコの匂いをかぐのであった。

オスネコの場合はもっとおもしろかった。オスネコは絵のネコの体の前方ではなく、後ろのほう、尾の付け根のあたりに鼻をつけて、匂いをかぐのである。つまり、そこはメスネコの性器や、肛門(こうもん)があるところである。おそらくオスネコはこの絵を見て、絵だけではオスなのか、メスなのかわからなかったので、性器のところに鼻先をつけて匂いをかいだのであろう。

いずれの場合にも、匂いをかぐと、ネコでないことがすぐわかるらしく、即座に関心を失って離れていってしまった。

本当に簡単な、黒いマジックで描かれた線画のネコの、なんということもない一筆書きである。それを見て、ネコたちはちゃんと寄ってきて匂いをかいだのである。ということは、まったく平面的なネコを見て、ネコたちは、立体的なネコを想像したのだとしか言いようがない。

それからぼくは、うちにいた、いちばん馴(な)れたネコで次のようなことをやってみた。

たまたま部屋の掃除をするために、いろいろなものをとりはらった、がらんとした洋間の部屋の壁に大きな紙を張って、実物大に近いテーブルと椅子(いす)の絵を描いた。もちろん、絵というよりも、単なる線画である。そしてその部屋にネコを放した。ネコはまったく知らない部屋に放り込まれたので、不安げにあちこち見ていたが、すぐに絵に気がついた。ネコは絵の机に近寄っていって、机の脚に鼻をつけ、匂いをかいだ。次に隣に描かれている椅子に近寄って、絵の椅子の脚に鼻をつけ、くんくんとかいだ。そして、匂いがなにもしないのですぐに離れた。

その次の実験としては、こんどは、窓の側に大きな紙を張り、そこに、窓の絵を描いた。片側の窓は開いているように描いた。そこにネコを放すと、ネコはまた不安そうにしていた。その部屋の入り口は閉めてあって、三方は壁である。窓を描いた絵は本当の窓のところに下げておいたが、その時は夜であったから、窓が明るかったことはない。部屋には電気をつけていたので、そこには開いた窓の絵が見えていたわけである。そこにネコを放して、しばらく不安そうにしていることを見届けたところで、いきなり、がたんと大きな音をさせた。ネコはびっくりした。そして、逃げ出そうとした。その時ネコは、いきなり開いた窓の絵に跳びついたのである。絵を描いた紙は鋲(びょう)で張ってあっただけなので、ネコが爪を立てて、跳びつけば当然落ちる。ネコは紙ごともんどりうって床に落ちた。そして、非常な恐怖心をもって、なんとか逃げ出そうと走りまわっていた。ぼくはすぐにごめんごめんといってそのネコを抱き上げてやった。

ネコたちの世界

これも本当に不思議なことであった。さきほどの場合も、この時の場合も、単なる平面的な絵である。しかし、もちろんほんもののネコは立体的なものであり、机もそうである。しかし、ネコはまったく平面的な絵のネコや、机や椅子、窓に、まったくほんもののネコや机や椅子や窓と同じように反応した。そのように認識しているのだとしか言いようがない。じつに不思議な世界認識だ。ぼくにとってはとてもおもしろい体験だった。

思い出してみると、よくわかることがいろいろ出てきた。たとえば、ネコを飼っている人ならだれでもわかっているように、ネコはすぐにドアをあけて、外に出ていきたがる。そこで、鳴くネコもいるし、じっと座っているネコもいる。とにかく、飼い主はネコが部屋から出ていきたいと望むときには、ドアを開けてやらなくてはならない。入ってくるときも、勝手に入ってきたがる。鳴くネコはいいけれど、鳴かないネコはぜんぜんわからない。勝手に出たり入ったりするし、冬は寒い。

そこで、ぼくの家では、部屋のドアのところに細工をして、そこにトラップドアをつけてある。つまり、押せば、向こうに開く。ネコが通ってしまえば、すぐに閉まる。だから、そんなに風がすうすう抜けないようになっているのである。しかし、ネコは自由に出入りできる。そういうトラップドアをつけておいた。そしたら、妻がそのトラップドアの入り口に、ネコの入り口という意味でちょうど実物大のネコの顔を描き、その絵を切り抜いて、トラップドアに貼った。これはまったくの親切心からであった。つまり、ここはネコちゃんの通り道だよということを教えてやるつもりだったのである。

すると、それまで平気でトラップドアを出入りしていたネコがとたんにそこを通らなくなった。そばまでいって非常に怖そうな顔をして止まってしまう。それ以上近づかない。なぜそのようになるのか、と不思議に思っていたが、先ほどのいろいろな経験でその理由がわかった。つまり、ネコはそのネコの顔の絵を見て、本当の猫だと思っていたのである。これは普通のネコよりも、ちょっと大きな顔の絵であった。したがって、そこには自分よりも大きなネコがいるということになったのであろう。それで、ネコたちは皆、怖がってしばらくは通らなかったのである。

このような経験からぼくは、ネコたちが自分たちの仲間、つまり生きたネコというもの、あるいは自分たちの周りのものをどのように認識しているのかということが少しわかってきた。彼らはそこにある三次元的な物体とか、匂いとか、そういうふうなもので周りのものを認識しているのではないのだ。まったく平面的な線画であっても、そのものとして認知できるらしい、そして、確認するために近寄っていって、くんくんと匂いをかぐ。そこで最終的にそのものがなんであるか、実物であるか、実物でないかがわかるということであるらしい。

けれど、この実験は、時間をおいてなんどやっても、必ず同じ結果になったから、一度見ておけば、それでもうこれは絵である、これは実物であるということを学んでしまうということではどうもないらしい。実物ではないということはわかるが、一般的なこととしてこれは絵である、平面であるというふうなことを学ぶことはないらしい。彼らの世界は、何かわれわれには想像できないような形でできあがっているのだなということはわかったような気がした。

しかし、ネコたちが認識している世界は、われわれからすれば何ら現実ではないし、いわゆる客観的なものというものでもない。しかし、ネコにしてみると、それは大変大事な認識であって、ネコが自分たちの世界を認識するには、それ以外の方法は、おそらくないのであろうということを感じた。

（二〇〇三年 七三歳）

ユクスキュルの環世界

ダニの世界

第一章[1]のネコの例で述べたようなことは、われわれが環境というものを考えるときに非常に重要な意味を持ってくる。一九三〇年代初め、ドイツのユクスキュル[2]は、環境と世界の問題に関し、非常におもしろい理論を展開した。

われわれが環境というとき、昔は環境というのは、あるもの、とくに生物学でいうときには、ある生き物（もちろん人間を含めて）の身の回りにあるものを環境ということになっていた。ドイツ語では、これをウムゲーブング（Umgebung）、周りに与えられたもの、という言葉を使って表現していた。だから、独和辞典をひけば、Umgebung すなわち環境と書いてある。他の辞書で環境とひけば、英語ではエンヴァイロンメント（environment）、フランス語ではミリュー

(milieu) あるいはアンヴィロンヌマン(environnement)、ロシア語ではスリェダー(среда)と記されている。

英語のエンヴァイロンメントというのは、エンヴァイロン、すなわち周りをとりかこむものということである。他の言語でも同じことだ。つまり、周りをとりかこむもの、それをわれわれは環境といっている。そして、かつての「自然科学的」な認識では、環境は客観的に存在するもので、温度は何度、湿度はどれくらいであって、空気の濃度はどれくらい、酸素の濃度、二酸化炭素の濃度はどうだなど、すべて数字で記述できるもの、それが環境であるというふうに思われていた。

そこには、草もある。それには、どういう草と、どういう草があって、花が咲いている、どういう木がある、どんな石がある、等々、全部記述できるはずである。それが、そこに住んでいる動物の環境、客観的な環境である。こういう認識が、もっともオーソドックスな環境の定義であった。

しかし、ユクスキュルはそうではないというのである。

彼が一九三四年、クリサート[3]（Georg Kriszat）と共に著した「動物と人間の環世界をめぐる散策」（*Streifzüge durch die Umwelten von Tieren und Menschen*; S. Fischer Verlag）（邦訳のタイトルは『生物から見た世界』）という小さな本の中で、ユクスキュルはこれについて詳しく論じている。

その論調はきわめて理論的で、一読して簡単に理解できるとはいい難いが、彼が例にとったダニの話は、多くの人びとに強い印象を与えた。

森や藪（やぶ）の茂みの枝には小さなダニがとまっている。この動物は温血動物の生き血を食物としている。ダニは適当な灌木（かんぼく）の枝先によじ登り、そこで獲物をじっと待つ。たまたま下を小さな哺乳類（ほにゅうるい）が通ると、ダニは即座に落下して、その動物の体にとりつく。

ダニには目がないので、待ち伏せの場所に登っていくには全身の皮膚にそなわった光感覚に頼っている。哺乳類の皮膚から流れてくる酪酸（らくさん）の匂いをキャッチすると、とたんにダニは下へ落ちる。酪酸の匂いが獲物の信号となるのである。

ダニがその敏感な温度感覚によって、自分が何か温かいものの上に落ちたことを知ったら、ダニは触覚によって毛の少ない場所を探し出し、口を突っ込んで血液を吸う。これでダニは食物にありつくことができ、その栄養によって卵をつくり、子孫を残す。

この一連のプロセスは、生理学的に理解すれば、まず光、次いで匂い、そして温度、最後に触覚に対する機械的な反射行動の連続のように思える。

そのように見れば、ダニは一つの機械にすぎない。けれどそこでユクスキュルは、ダニは機械なのか、それとも機関士なのかと問うのである。

光も匂いも温度も接触もすべて刺激である。しかし、刺激というものは一つの信号ではあるけれども、それが主体によって知覚されたとき、初めて刺激となるものだ。

ダニはそれぞれの信号に対してそれを意味のある知覚信号として認知し、それに対し主体として反応する。その結果、ダニは食物を得、子孫を残していくのである。つまり、ダニは機械ではなくて、機関士なのである。

機関士としてのダニにとって、その環境にはさまざまなものがある。空気、空気の動き、光、日射による温度、植物の匂い、葉ずれの音、いろいろな虫の匂いや歩く音、トリの声もするだろう。しかしそれらのほとんどすべては、ダニにとって意味をもたない。

ダニを取り囲んでいる巨大な環境の中で、哺乳類の体から発する匂いとその体温と皮膚の接触刺激という三つだけが、ダニにとって意味をもつ。いうなれば、ダニにとっての世界はこの三つのものだけで構成されているのである。

これがダニにとってのみすぼらしい世界であると、ユクスキュルはいう。そしてダニの世界のこのみすぼらしさこそ、ダニの行動の確実さを約束するものである。ダニが生きていくためには、豊かさより確実さのほうが大切なのだとユクスキュルは考えた。

動物にとって意味のあるものとは？

つまり、それぞれの動物、それぞれ主体となる動物は、まわりの環境の中から、自分にとって意味のあるものを認識し、その意味のあるもので、自分たちの世界を構築しているのだ。たとえば、イモムシであれば、今、自分が乗っている葉は、自分が食べるべき植物である。したがって、その存在は重要な意味をもつものと認識されている。しかし、そのほかの植物はこのイモムシにとって意味がない。食べられるものではないからである。そしてそれ以外に空気とかいうものは何ら認識する意味はない。結局、その葉っぱというものにだけ意味があるのであって、他のものは存在していないに等しい。

しかし、イモムシにもやはり敵がいる。ハチとかがこのイモムシを食べにくる。それは彼らにとって意味がある。そういうものがきたとき、彼らが落とす影や彼らの翅(はね)の動きが起こり、その空気の動きにイモムシたちが重大な意味を与えている。それは何ということのない、そよ風が起こす空気の動きとはちがい、自分の命にかかわるものである。そのような意味をもつ空気の動きに対しては、彼らは身体をくねらして逃げようとする。あるいは、地面に落ちる。そうやって敵を避けようとする。

そういう意味のある存在を彼らは認識できるようになっている。

彼らの世界はほとんどこれらのものから成り立っている。たとえば、美しい花が咲いていようと、それは彼らにとっては意味がない。食物としても敵としても意味のないそのようなものは、彼らの世界の中に存在しないのである。彼らにとって大切なのは、客観的な環境といわれているようなものではなくて、彼らという主体、この場合にはイモムシが、意味を与え、構築している世界なのである。

それが大事なのだと、ユクスキュルはいう。ユクスキュルはこの世界のことを「環世界」、ウムヴェルト（Umwelt）と呼んだ。ウムは周りの、ヴェルトは世界である。つまり、彼らの周りの世界、ただ取り囲んでいるというのではなくて、彼ら主体が意味を与えた世界なのであるということを、ユクスキュルは主張した。

したがって、客観的環境というようなものは、存在しないことになる。それぞれの動物が、主体として、周りの事物に意味を与え、それによって自分たちの世界を構築しているのである。そして、彼らにとって存在するのは、彼らの環世界であり、彼らにとって意味のあるのはその世界なのであるから、一般的な、客観的環境というものは存在しない。つまり、いわゆる環境というものは、主体の動物が違えばみな違った世界になるのだというのである。

たとえば、このいわゆる客観的な環境であるちょっとした林の中に、一羽のトリがいたとする。トリから見ると、どの木が、なんという名前の木か、いつ頃実がなるかということは、その時点にしてみると意味がない。なぜならこのトリは、木の実を食べない。虫を食べる。虫を食べるトリにとって、存在するもので意味のあるのは、ひとつは敵であるが、もうひとつは自分の食べ物である。その食べ物は虫である。しかも、このトリは生きた虫を食べる。そのため、動いているものにのみ意味がある。

それは生きているからである。動かないものは意味がない。それは石ころかもしれないし、死んだ虫かもしれないし、そんなものはそのトリは食べない。そうすると、動いていなければだめだということになる。

その小さな虫は、動いているときにだけ、このトリの目に見える、存在するものとして認識される。そして、そのトリは、それをつついて食べようとする。そうやってそのトリは生きている。周りには動かないものはいっぱいあるけれど、そのトリにとっては意味がない。彼らにとってそのような世界は存在していないに等しいということになる。つまり、主体の動物にとって意味のあるのは、その主体の動物の世界を構築しているものだということである。

一つの部屋がどう見えるか

このことをユクスキュルは、大変おもしろい、有名な絵で説明している。

その絵は、応接間のような部屋の絵である。テーブルの上には食べ物が少しと、飲み物が少し置いてある。周りに何脚か椅子がおいてあって、お客さんが座るはずである。部屋のすみには本棚があって、本が並んでいる。その手前には読書台のようなものがあり、仕事をするときに座るカウンター用の丸椅子が見える。天井からは、電灯が下がっている。その電灯は灯りがついて、こうこうと輝いている。

人間が見ると、この部屋は応接間みたいなところであって、テーブルがあって、そこには食べ物が並んでいる。上からは電灯が光っている。部屋のすみには本棚があって、たくさんの本が並んでいる。その手前には読書台がある。そして、お客さんが座るべき椅子が何脚かとソファーがある。これが人間から見たときの「この部屋」というものであり、人間はそれを「客観的」に認識しており、これが環境だと思っている。

しかし、もしもここにイヌが入ってきて、イヌがこの部屋を見たとき、どうだろうか。イヌから見ると、食べ物には関心がある。飲み物にも関心がある。上には電灯がついているが、明るいということはイヌにしてみるとあまり関心がない。そして、本棚にどんな本が並んでいるか、そんなことにも関心がない。仕事用の読書台もイヌにはまったく関心がないので、これらのものはその絵の中で、一様に灰色で示されている。

イヌにとって関心があって、彼らが作っている世界の中に存在するものは、そのテーブルの上にある食べ物と飲み物である。その絵の中ではこれは、とくに食べ物用の皿は明るく白色に描かれている。椅子やソファーは、イヌから見ると、彼らの友達である人間の座るであろうものだから、そこには関心がある。だから、これらはうすい灰色に描かれている。それ以外はイヌにとってはあってもなくても同じようなもの、ないに等しい、存在していないものなので、灰色に描かれた絵になっている。それは人間の見る部屋とぜんぜん違うものである。

そして、今度はこの部屋にハエが飛び込んできたとすると、ハエにとって関心があるのは、食べ物と飲み物だけである。ハエから見ると、それだけがぴかっと光って見える。しかし、テーブルとか椅子とか、そんなものはどうでもよろしい。

本棚、読書台、そんなものには何の関心もない。それはほとんど灰色である。しかし、ハエは光に向かって飛んでいく性質があるから、上から照っている電灯が輝いていることはわかる。だから、電灯が上から照っていて、点々といくつかの飲み物と食べ物がある、それだけである。他のものは何も存在していないに等しい。

しかし、現実にその部屋は存在していて、そこにはいろいろなものがある。少なくとも人間には見える。しかし、イヌから見たときには全部は見えない。イヌから見ると、ここにはごくわずかなものしかない。ハエから見たら、もっとわずかなものしかない。部屋自体は厳然と存在しているのであるが、動物にとって意味のある世界は、部屋全体という、いわゆる客観的なものではない。動物が生きているのは、彼らの環世界の中であって、意味のない客観的な環境の中で生きているのではない。これが、ユクスキュルの「環世界論」である。

動物たちは何のために?

この環世界論は、彼がこの説を唱え始めた一九三〇年代には、ほとんど評価されなかった。ユクスキュルは動物学者、つまり科学者のはずである。その当時の科学は唯物論的に物を見なくてはならないということになっていた。つまり、この世の中にはいろいろなものが実際に存在している。そして、その存在しているものをわれわれが認めるものである。そうでなければ、科学はできない。

この反対の極地と簡単にいってしまえば、たぶん、カントの唯心論であろう。カントによれば、われわれが認めたものが存在することになる。しかし、それでは科学はできない。だから科学はカント的であってはならないのであって、唯物論的でなければならない。それがその当時の一般的な流れであった。

その中でユクスキュルは、主体が認めたものによって構築された世界にこそ意味があると言ったのである。これはまったく唯物論的ではなく、きわめてカント的である。だから、こういう方法で科学は進むことができない、われわれはそういう形で科学をやることはできないという反感をみんなが抱いた。そのためユクスキュルは結局、動物学者でありながら、大学の正規の先生にはならずに終わった。

しかし、その後もずっと、こういう見方をしなければ、われわれには生物の世界はわからないのではないかという疑問はあったし、そのように思っている人は絶えずいた。

とくに動物行動学ではこれは重大な問題であった。動物たちはみな何らかの行動をしている。何のためにそのような行動をしているのか、どのような仕組みで行動しているのかを考えていくときに、その動物が何を認識し、世界をどういうふうに構築しているかということを考えなければ、われわれはその動物のやっていることは理解できないはずである。そこで、ユクスキュルの環世界論が、だんだんに重い意味を持つようになってきた。

第一章に述べた、ネコの見ている世界、つまりネコの環世界はどんなものかを知ったときに、はじめて、われわれはネコはなぜそんなことをするのかということがわかる。イヌはそういうことはしない。ネコはする。なぜか？　それがわかったときに、われわれはネコというものがわかり、ネコにとっての必然というものがわかり、ネコの世界というものがわかってくるのであろう。

（二〇〇三年　七三歳）

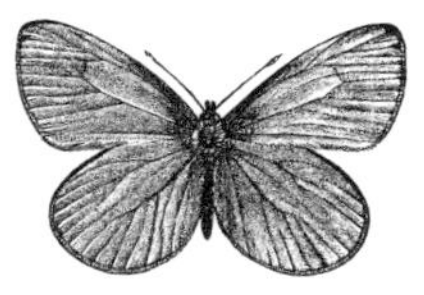

チョウという昆虫

イメージ

「チョウ」といえば、われわれにはあるイメージがわく。それはどのようなイメージであろうか？　美しく、優雅で、花の間をヒラヒラと舞う……、そのようなものがチョウの平均的なイメージであろう。

チョウは昆虫という莫大（ばくだい）な動物群の中の、ひとつのグループである。グループである以上、それがひとつのグループをなしている必然性があり、そのグループに共通した論理があるはずである。それはイメージよりももっと論理的なものであり、したがってもっと感覚的なものである。それは、チョウがなぜチョウであってカブトムシではないのかという問題に触れることである。

昆虫はハネをもつのが特徴である。だが、チョウは昆虫でも、体のわりにハネが大きい。けれど、このような大きなハネをもつ昆虫のグループは、少なくともほかに二つある。ひとつはトビケラ[1]の仲間、もうひとつはガの仲間である。

トビケラの仲間との違いはすぐわかる。トビケラはハネに毛がはえている。だから彼らは「毛翅類」とよばれる。しかしチョウでは、ハネには毛でなく鱗粉がついている。このことはガの仲間と共通の性質で、したがってチョウとガを合わせて、「鱗翅類」とよぶのである。けれど、チョウとガは違う。チョウをきらいな人は少ないが、ガをきらう人は多い。どうしてこのような感覚的な違いがでてくるのだろう？

ここにもっとも論理的な問題がある。

よくよく見てみると、チョウとガの体はよく似ている。まず、鱗粉のついた大きなハネがある。頭にはかなり長い、しかしゴキブリやキリギリスほどには長くない、そしてもっとがんじょうな触角がある。複眼はよく発達しているが、その大きさはトンボの複眼ほどではない。口は長くてゼンマイ状に巻いており、典型的な吸収型の口である。

大きなハネを支える胸は、三つの節（前胸・中胸・後胸）が合わさってひとつのブロックとなっていて、それが頭と腹から完全に独立している。甲虫の場合のように、どこからどこまでが胸であるかわからぬこともなく、多くの膜翅類（まくしるい）[2]にみられるように腹部の始まりが胸にくっついていることもない。

このことは、ハネが大きいことばかりでなく、歩行器官としてのアシの無力さとも関係がある。チョウは、サナギから羽化して直後、まだハネが伸びていないとき以外には、移動のためにアシを使うことはほとんどない。どこへゆくときにも飛ぶのである。

それでもなお、チョウとガはやはり違う。まず、ガは体がずんぐりしていて気味が悪い。ハネも厚ぼったいし、色や模様も美しくない。これに対して、チョウのほうは体が細く、ハネはすっきりと大きくて、色も鮮やかで美しい。チョウはきらいでないのに、ガを見ただけで逃げだす人がたくさんいる。同じ鱗翅類なのに、どうしてこれほど違うのだろう。

ガとガの間

ふつうの人は、あまりきれいでないチョウ、たとえばジャノメチョウなどをみるとガだと思う。そして、これはチョウだと聞いてびっくりしたように聞き返す――「へえー、これもチョウなんですか?」つまり、鱗翅類には、その中にチョウ類とガ類という二つの仲間があって、この二つはまったく違う仲間であり、そして当然、チョウのほうがより高等なのだと思っているのである。

文章の調子から察しのつくとおり、これはじつは誤解である。鱗翅類を分類学的に分けると、小蛾類(しょうがるい)と大蛾類の二つになる。われわれがいうチョウもガも、この大蛾類の中に入っている。そして、原始的と考えられているものから順に並べてゆくと、ガの一部、チョウ、そして残りのガというようになる。つまり、チョウというのは、ガの中にはまりこんだ仲間なのであって、ガの「上」に位置する「高等」な仲間なのではないのである。

けれど、やはりチョウというものが、どことなくガと区別できるのはなぜだろう。じつはチョウとガという区別は、世界中の人間がしているわけではない。英語国の人々はチョウのことをバタフライ（butterfly）、ガのことをモス（moth）といって区別する。しかしフランス人はチョウ・ガをあわせてパピヨン（papillon）とよび、あまりちゃんと区別しない。区別したいときは、昼のパピヨン、夜のパピヨンという。もちろん、昼のパピヨンはチョウにあたり、夜のパピヨンはガのことである。

フランス人のこのいい方はずいぶんめんどくさいけれど、たいへん合理的である。チョウがガと違うのは、まさに彼らが「昼のパピヨン」であるからなのだ。

チョウとよばれる鱗翅類はすべて昼間活動する。ガとよばれるものの大部分は、夜に活動する。このことがチョウとガという違いを生みだしたもっとも根本的な原動力であったと考えられるのである。

まず、昼間活動するということは、光の中で動くことである。光のある中で活動するには、視覚に頼るのがいちばん合理的である。光という情報は直進してくるから、目に何かの像が入ったら、そこへ向かって進んでいけば、必ずこのものに到達する。けれど、においという情報を頼りにしたとすると、においは風のまにまにただようから、においを出しているもののところへゆくのには、においをたどってあちらこちらとさまよわなければならない。まっくらな夜ならともかく、光のある昼間にそんなことをする必要はない。目で見てまっすぐ飛んでゆけばよい。

昼と夜

脊椎(せきつい)動物でも、トリは主として昼間に活動するので、もっぱら目を使って行動する。夜になると、まさに「鳥目」となって活動をやめる。これに対して、哺乳類の多くは夜に活動する。そのような哺乳類は、あまり遠くまでは見えず、色彩感覚も発達していない。しかし、においに対する感覚、つまり嗅覚(きゅうかく)はものすごく鋭敏で、においによる立体感もあるといわれている。

チョウとガの違いもこれと同じである。昼間活動するチョウは、もっぱら視覚に頼って行動する。モンシロチョウが花をみつけるのは、色によってであって、けっして花の香りによるのではない。黄色とか紫色の造花でも、あるいはただの四角い色紙でも、モンシロチョウは口吻(こうふん)を伸ばしながら飛んできて、とまるやいなや口吻でミツを探る行動をする。

ガでおこなわれた実験によると、夜、花のミツを吸いにくるガは、花のにおいを頼りにして飛んでくるらしい。外からは見えないように花を入れた箱を置いておくと、ガは箱にあけられた穴から中へ飛びこんでゆくそうである。

つまり、チョウは視覚的な鱗翅類であり、ガはむしろ嗅覚的な鱗翅類なのである。

このことは、食物を探すときばかりでなく、異性を探すときにもあてはまる。多くのチョウのオスは、メスをまず視覚的に発見する。たとえば、ヒョウモンチョウのオスは、飛んでいるメスのハネの表面のオレンジ色と裏面の暗色が交互にチラチラする色彩のフラッシュを手がかりとして、メスを発見し、追いかける。実験的にそのようなモデルをつくって林の中に置けば、あとからあとからオスが飛んでくる。

ところがガのほうはまったく違う。多くのガは、メスが性誘引物質を放出する。そしてオスはこのにおいに反応してメスをみつけだす。

そうなると、チョウではメスがオスに発見されるためには、ハネの色や模様が重要な意味をもってくる。昼間は飛べないガが、ひたすら環境にまぎれこむ保護色をしているようなわけにはいかないのだ。

視覚に頼って行動することは、また別の必要を生む。視覚にとっての情報である光は、前にもいったとおり直進する。そのことは、光という情報の大きな利点であるが、大きな欠点でもある。つまり、間に障害物が入ったら、もうその情報はチョウの目には到達しないのである。木の葉が一枚あっても、その陰にあるものは見えない。

そこで、チョウのほうが動かなければならない。上、下、左、右、あちらこちらに動いて、見える範囲を拡大せねばならない。

ヒラヒラ

もともとチョウは体のわりにハネが大きい。あの大きいハネを上下にはばたいて飛ぶには、まずハネの前縁を合わせて、後方へ空気を押しだすようにしながら左右のハネを合わせてゆく必要がある。さもないと左右のハネの間の空気の抵抗のために、ハネを十分に打ち合わすことができず、非常に飛びにくくなるはずである。

けれど、それほど巧みなハネの打ちかたをするにしても、あの大きなハネは、結局は紙片のようなものである。ちょっとした空気の動きにも、もてあそばれて、左右上下へゆれ動く。その結果は、チョウの飛び方は直線的ではなく、上がったり下がったり、ヒラヒラすることになる。

これがチョウにとっては幸いする。自分の体がいやおうなしに上下左右に振れるために、いろいろな角度から環境を見ることができるのだ。そのために、チョウはどうしても「ヒラヒラ」飛ぶことになる。

ヒラヒラ飛ぶのは、チョウにとってもうひとつ重大な意味がある。チョウはハネが大きいため、ハネの振動数をそうやたらにあげられない。そこで、胴体を太くして卵をたくさんもったりすると、翼面荷重がふえるだけである。

一方、ガはハネが小さいが、振動数は大きいので、太い胴をひきずってジェット機のように直線的に飛ぶ。

しかし、敵は昼間のほうが多い。夜飛ぶガの大敵はコウモリであろうが、昼間はトリがたくさんいる。といって、チョウはそれほど飛翔(ひしょう)のスピードをあげられない。大きな、目につく体をさらして、ヒラヒラ飛べるだけである。

だが、「ヒラヒラ飛ぶ」ということは、次の瞬間のチョウの位置が予測できないことを意味している。直線的に飛んでゆく飛行物体なら、それがどれほど速くとも、次の時点でどの位置にいるかを予測できる。ところが、チョウのようにヒラヒラ飛ぶものでは、次の瞬間に上へ上がるのか、左へずれるのかまったくわからない。もちろん、チョウ自身にもわかっていない。トリにとって、これは困るのである。

トリはかなりのスピードで直線的に飛ぶことができる。しかし、飛行機と同じで、急に向きを変えることはできない。そんなことをすると、失速して落ちてしまう。チョウをみつけたトリは、その行き先を予測して、その位置をねらってつっこんでゆく。ところがチョウのほうは、そこでヒラッと上へ上がったり、ヒラッと降下したりする。予測のはずれたトリは、チョウの近くをすり抜けて、向こうまで行ってしまう。よほどうまい偶然が幸いしないと、チョウをとらえることはできない。こうしてチョウは、あのように頼りない飛びかたをしているのに、いやそれだからこそ、トリのくちばしをかなりうまく逃れているのである。

美しいうろこ

チョウが美しいものと感じられるのは、彼らが視覚的であるために色彩が派手であることと、それがヒラヒラと舞うことによるのだといってよいだろう。

彼らの美しい色彩については、ここでとりたてていう必要はない。チョウのハネは、文句なしに美しい。この美しい色と模様を生みだしているのは、「鱗粉」である。鱗「粉」というのはいかにも東洋的な感じのことばである。ヨーロッパ語では単にウロコという。そして、このほうが実際の姿に近い表現なのだ。

鱗粉は「ついている」のではなくて、「生えている」のである。一個一個の鱗粉は、けっして「粉」ではなく、それぞれが一個の細胞である。もともとは皮膚の細胞であったものの一部がまっすぐ伸び、ハネの外へ突きだして平たくなったのである。そしてそのおのおのにいろいろな色の色素がたまるのだが、そこにまた一定の決まりがあるので、全体としてあのような美しい模様が生じてくるのである。

だが、生き物の体の構造は、たいていは多目的に設計されている。鱗粉はけっしてたんに色彩や模様のためだけにつくられたものではない。

冷たい雨が降っているとき、チョウは葉かげでビッショリぬれて……と想像したいところである。だが、じつは、彼らはまるっきりぬれてなどいない。ハネにふりかかる雨のしずくは、鱗粉にはじかれ、鱗粉の上をなぞってみな地上へ落ちてしまう。細かい霧の日などには、落ちるほど大きな水滴ができないときもある。そのようなとき、チョウは小さなしずくにまみれている。だが、日光がさしはじめてチョウの体を温めると、チョウはハネをふるわせる。水滴は全部落ちてしまう。

さらに、色彩は美しさのためだけにあるのではない。変温動物である昆虫の体温は、気温に左右される。だが、彼らには太陽熱を吸収して体を温めるという手が残っている。北方のチョウや高山のチョウは、黒っぽい色をしていて、低い気温を太陽熱の吸収が補う。逆に、熱帯のチョウは、ピカピカ光るハネで、強すぎる太陽光を反射してしまう。

チョウの論理

おもしろいことに、ガの中でも昼間活動するようになったものが少しいる。そのようなものはすぐわかる。チョウのように美しく派手だからだ。事実、多くの人はそのようなガをチョウだと思っている、そこにはチョウがチョウらしくなったのと同じ論理が働いているようにみえる。

チョウとガの違いが感覚的なものであって、それゆえにこそそこにもっとも論理的な問題があるといったのは、このことである。

ピカピカ光るチョウはいるが、ピカピカ光る夜のガはいない。それも昼間と夜の違いである。鱗翅類の中で昼に活動するという生活の型をとったものがチョウになった。

それは「昼に活動する」ということが、チョウにそれなりの首尾一貫した論理を要求したからである。

（一九七二年 四二歳）

赤の暗黒

花はどこから生まれたか

風媒花（ふうばいか）とか、虫媒花（ちゅうばいか）ということはよく知られている。花をつける植物が、自分たちの「種」を保存していくために、オシベがメシベを受粉させる。それを風や虫に頼るのである。もちろん、風や虫のほかにも、水や鳥、コウモリやカタツムリなどによって受粉のなかだちをされる場合もあるが、もっともありふれている受粉が、この二種である。風は気ままであるから、あまり効率がよくない。だから風媒花は、おびただしい数の花粉をばらまく。そのうちごくわずかなものだけが、メシベに到達する。偶然に頼っているだけである。

虫に花粉を運んでもらう虫媒花のほうが、はるかに受粉の効率は高く、風のような「偶然」はそこにはない。

花に昆虫がやってくるようになったのは、いつごろからなのだろうか。たとえば、ゴキブリ・カゲロウ・バッタなどの虫は、花にはやってこない。彼らは不完全変態類とよばれる、古いタイプの昆虫である。ところが新しいタイプ、つまり完全変態型のチョウ・ハチ・ハエなどになると、幼虫は別として、親は大幅に花に依存した生活をしている。

中生代のころまではシダ植物の全盛期であり、花というものはなかったから、世界は現在の地球のようには美しくなかったと言えるのかもしれない。この時代の古代型の昆虫は、栄養価の高いシダの胞子を食べていた。

その後、植物自身が徐々に変化し、胞子は葉にかたまってつくようになった。そこでどういうことが起きたかはよくわからないが、ある時期に、胞子の集中した部分が花になった、と考えられている。胞子を食べていた昆虫が、初期の「花」に集まるようになると、そこから花と昆虫の共進化が始まったのである。植物は、虫が寄ってくるようにさせるための花を咲かせ、虫はその花にひかれるという関係が成立し、現在のような花が生まれてきた。

チョウのような新しいタイプの昆虫は、植物が花をつけるようになってから出現したのである。花があったからこそ、チョウが生まれたとも言えよう。花とチョウの関係は、非常に深いものと考えなくてはならないわけだ。

チョウにとって花とは何か

散文的な言いかたをすれば、花は高等植物の生殖器官である。おそらく花にはそれ以上の機能はないだろう。花を美しいと言うのは詩的な表現であり、世界には美しくない花も数多く存在している。花びらのない花もたくさんある。花もじつにさまざまな形態で生きているのだ。

チョウにとって花が美しいかどうかはひとまずおくとして、チョウは花をじつに的確に見つけ出す。直径一ミリとか二ミリの花を、チョウは数十センチの距離から、めざとく認知する。彼らの好む花であれば、ほとんどたちどころに見つけることができるのである。

では、なぜチョウはそれほどまでに花に敏感なのだろうか。花は香り・色・形・蜜(みつ)と、大別して四つの属性をもっている。香りと蜜を除外するために、造花を使って試してみよう。チョウは造花に飛んでくる。しかも、手まわしよく、口吻をすでにまっすぐ伸ばして……。そこに花の色と形があるから飛んできたのである。そして彼らは、ふつうの花に対するのと同じに、長く伸ばした口吻で蜜を探す。その探しかたは執拗(しつよう)である。秒単位ではなく、分単位で探す。しばらくすると、さすがに彼らはあきらめて、飛び去ってしまう。もし造花に蜜をかけてやっていたら、きっと彼らは花を見つけたと信じて疑わなかったにちがいない。つまり彼らにとって、香りや蜜の存在は、花に寄ってくるまでは必要のないものであると言える。チョウは色や形で花を見つけ出すからだ。

複雑なものに集まる

花の形は、じつにさまざまなものがある。丸いものが多いけれど、花に特有な形というものは存在しない。では四角いカードを針金の「茎」の先に「咲かせて」みたら、彼らはどうするだろうか？　研究室でそうした実験をモンシロチョウで試みると、彼らは口吻を伸ばしてその四角い「花」に飛んできて、それにとまり、しかも口吻で蜜を探すのである。

しかし、やはり天然の花は、彼らにとってたいへん魅力的なものなのである。ほんものの花と色カードを並べてみると、彼らはほとんど必ずほんものの花のほうに行ってしまう。

ノーベル賞を受けたフリッシュ[1]のミツバチと花の関係についての研究では、放射状で複雑な形の花ほど、ミツバチがよくやってくるという。また、ミツバチにとって複雑な輪郭をしたものは「花」を意味するが、輪郭の単純な丸いものは、まだ蜜を吸えない「つぼみ」を意味するだろうと、ユクスキュルは言っている。

しかしチョウにとっては、単純な輪郭のものと、十字形のものとのあいだに、さしたる差はないらしい。ただ、平面的なカードにリッジをつけて立体的にすると、チョウは平面よりも立体的なものを選ぶ。だから、造花でもホンコン・フラワーなどのほうが、平面的な造花やカードよりも、彼らの好みに合っているのである。

赤は暗黒である

チョウが花にやってくるのは、草原の緑でもなく土の色でもない色彩、つまり黄・青・白・赤・紫……などの色にひかれてである。立体的に複雑にできていればなおよいが、もともと形はどのようであってもよいのである。

モンシロチョウの好きな色は、紫・黄・青などであるが、赤い色にはやってこない。というのも、モンシロチョウが見える光の波長は、黄色より短い波長の色だからだ。赤は彼らには見えず、おそらく暗黒であり、何もないのに等しいのだろう。もし、モンシロチョウを真っ赤な光のなかに置いたとしたら、それは彼らにとって暗黒のなかに置かれているのと同じである。真っ赤な光のなかを飛ぶモンシロチョウというシーンは、あくまで人間の幻想にとどまる。なぜなら、チョウは暗黒のなかでは飛ばないからである。

ふつう、われわれはモンシロチョウが見えない黄外線の世界、つまり赤までの色彩を見ることができる。しかし、それよりも波長の長い赤外線の世界は見ることができない。波長の短い紫外線も人間には見えない。しかし、チョウには紫外線の一部は見えているのである。

チョウは、この世界をいったいどのような色彩で見ているのか? 残念ながらその世界は、人間にとって実感不可能の世界である。実験や機械をもって、チョウの見ている世界をつくり出そうとしても、それは不可能だ。なぜならわれわれは、われわれの感覚能力でしか、ものを実感できないからである。そしてその色を類推することも、ほとんどできない。

だから、公園の真っ赤なチューリップに、モンシロチョウがやってくるという詩や童謡(どうよう)がよくあるが、これは嘘(うそ)である。ただ、真っ赤な花でも、なかの黄色いオシベが見えるというような咲きかたであれば、モンシロチョウはやってくることができる。

しかし、すべてのチョウが赤を暗黒と感じているのではない。アゲハチョウは、ツツジの花を好むことからもわかるように、赤が見えるのである。チョウを赤の見えるものと、そうでないものと、二つのグループに分けることができる。なぜそうなのか？　これに答えることは難しい。

多様性のなかに生きる昆虫

花の香りは、すくなくともチョウにとっては意味がない。しかし「昼のパピヨン」つまりチョウにとって意味がなくても、「夜のパピヨン」であるガにとっては、なくてはならないものである。夜に飛ぶガは、花を探すとき、チョウのように遠くからものが見えるわけではないから、花の香りを頼りに花を見つける。一般的に、夜咲く花は香りが強いのもそのためである。

ミツバチなども、匂いを使って花を見つけると言われている。飛んでいくときは色を探し、匂いを覚え、彼らの巣に帰っていくのである。そこでハニーダンスを踊り、仲間に花の在りかを教える。口から出した蜜でその花の香りを、ダンスの向きと速さによって方向と距離を教えるのである。しかし、色彩まで教えることはできない。リクルートされたハチが色彩を覚えるのは、その花のある場所に行ってからのことで、そのときから花を探す方法が、匂いから色へと変わるのである。

花にはさまざまな形態がある。小さい花もあれば大きな花もある。この多様性のすべてが、すべての昆虫に利用されているのではない。香りを手がかりにするものもいれば、色を手がかりにしているものもいるのである。

ここまでは、われわれの見える世界のことである。見えない世界、つまり紫外線の写真を撮ってみると、見えない部分があらわれてくる。その白・黒のパターンは、紫外線を反射している部分としていない部分で、花にあるわれわれの目には見えないパターンが見えてくる。この紫外線であらわれてくるパターンを手がかりとして行動する昆虫も多いのである。

花は無条件に美しい

「人間が花を美しいと感じたのは、おそらく人類が地球上に誕生した瞬間からのことであろう。人間は人類の長い歴史のなかで五感を築きあげてきた」というようなことをマルクスは言っているが、生物学的にみるとこれには問題がある。花が美しいのは、五感を人間が育て、磨きあげてきたからではない。花が美しいのは、それが無条件に美しいからであり、ホモ・サピエンスという種に、「花は美しい」と感じることが生得的に組み込まれていたのだと考えていいのではないだろうか。

はたして、ほかの動物や昆虫なども、花を美しいと感じているのだろうか？　たとえば、魚に幾何学的な模様の描いてあるものを見せても、興味を示さない。魚が興味をもちおそらく美的に感じるのは、ひじょうにグチャグチャしたもの、つまり複雑なものに対してなのである。環境が複雑であればあるほど、エサが豊富で安全だと、魚たちは知っているからだろう。

ところが、哺乳類はひじょうにスッキリした形のものを選ぶ。スッキリしたところには、エサはない。つまり、哺乳類はエサとの関連だけで形を選ぶのではないのである。花というのは、人間にとって主たる食べ物ではけっしてない。むしろ目で見て楽しむものである。だがチョウはちがう。チョウにとっての花はエサである。だから彼らにとって花とは、案外エゲツナイものであるかもしれない。

（一九九三年　六三歳）

常識と当惑

人はだれでも常識を信じ、常識にしたがって行動する。それはそのほうが楽であるし、常識に反して行動すれば信用を失うからである。そして常識とはちがう事態に出あうと、人は当惑する。

一九六〇年代の夏は当惑の連続であった。

一九四五年、アメリカ進駐軍とともに入って来たと考えられるアメリカシロヒトリという害虫が、北海道と南の島々を除きほとんど日本じゅうに広がっていて、町の街路樹やサクラを食い荒らすので、大問題になっていた。

アメリカシロヒトリは小さなまっ白い蛾(が)で、ヒトリガ(灯取り蛾)の一種。その幼虫の毛虫が集団となって木の葉を食い、木を丸坊主にしてしまうのである。

国も自治体もなぜかえらく神経質になって、「アメリカシロヒトリを町から追い出せ」という大々的なキャンペーンが始まった。たくさんの派手なポスターが貼られ、殺虫剤を撒く車が何台も出動した。人々は庭先で毛虫を見ると、アメリカシロヒトリが出たと通報する。それは異常としか言えない状態だった。

長らく昆虫の研究をしてきたぼくらは、これに少なからぬ憤りをおぼえた。アメリカシロヒトリは木を丸坊主にするけれど、けっして木を枯らさない。枯らしたら自分たちの食う木がなくなってしまうからだ。自動車の出す排気ガスのほうがよっぽど悪い。アメリカシロヒトリはスケープゴートにされている。

ぼくらはアメリカシロヒトリ研究会という研究会をつくり、この虫がどんな生活をしているのか、原産地とは気候も食べ物も相当にちがうはずの日本に、なぜこんなに元気よく住みつくことができたのかを調べてみることにした。

ぼくはこの虫の繁殖行動の研究を受けもった。アメリカシロヒトリは蛾の一種だ。たいていの蛾はメスが性フェロモンを放出し、オスを誘引して交尾する。アメリカシロヒトリも同じようにしているにちがいない。

当時ぼくは東京府中にある東京農工大の教員をしていた。早速ぼくは研究室の学生たちと研究にとりかかった。

害虫の性フェロモンの研究をするときは、まずふつうの白い紙コップの中にその虫の処女メスを入れ、直径一センチぐらいの丸い穴をあけた紙でふたをして、それを木の枝などに吊（つる）しておく。

一般に蛾は夕方から夜にかけて繁殖活動をするので、メスの入った紙コップは夕方野外にセットして、翌朝それを回収し、紙コップの中にどれだけオスが入りこんでいるかを調べる。オスがたくさん入っていたら、性フェロモンの存在の証明になる。これが常識であった。

ぼくらもこの常識に従って、毎日夕方、サナギから出てくる新しいメスをつかまえ、紙コップに入れてセットしていった。

一週間ほどそれをつづけただろうか。結果は惨憺（さんたん）たるものであった。紙コップの中にはオスが一匹も入っていないのである。アメリカシロヒトリには性フェロモンがないのか？　これが当惑の始まりだった。

でもぼくはすぐ思った。こんな「常識的手法」ではだめだ。虫そのものの行動を見なくては。

ぼくは夕方から深夜まで、サクラの木の下に立ちつづけて、アメリカシロヒトリの動きを待った。

だが何事もおこらなかった。サクラの梢（こずえ）の葉裏にとまった白い蛾たちは、深夜までぴくりとも動かなかったのである。

そこへ先輩からの話が伝えられた。朝四時ごろトイレに起き、何気なく外を見たら、サクラの木のまわりを白い蛾がたくさん飛びまわっていた、というのである。

サクラの木のまわりの白い蛾。それはアメリカシロヒトリにちがいない。ぼくは観察の時間をまちがえていた。この蛾は常識とはちがうのだ！　当惑はある種の期待に変わった。

早速何匹かのメスをサクラの枝に糸で止め、夜中からその前に立って、じっと見ていた。

午前二時。午前三時。何事もおこらない。メスたちはじっと動かずにいる。

四時少し前、一番鶏（いちばんどり）の声がした。そしてヒグラシが鳴きだした。東の空がほんのり明るくなる。とたんに何匹かのすばしこく飛びまわる白い蛾が目の前に現れた。オスだと直感した。気がついたら、メスたちもいつの間にかはねを立てている。オスはそのまわりを二、三回まわったかと思うと、さっと一匹のメスの傍らにとまり、あっという間に交尾してしまった。あれよあれよという間のことだった。

研究はここから一気に進展した。常識的な紙コップ法がなぜだめだったかもすぐわかった。オスはほとんど真上から、メスに飛びつくようにとまる。メスを緑色や青に塗ってみると、そのメスはオスに無視される。性フェロモンはちゃんと放出しているはずだし、そもそもメスたちのまわりには性フェロモンが充満しているはずなのに、である。

試しに白い小さな紙切れを緑色のメスの隣に置いておくと、オスはこの紙切れに飛びつく。しかし近くにメスがいなければ、紙切れに飛びつくオスはいない。

つまり、性フェロモンだけではだめなのだ。オスはちゃんとメスの姿を見て飛びつくのである。

次の朝、ぼくはメスを入れた紙コップも観察した。現れたオスたちの何匹かは、紙コップのまわりをぐるぐると飛びまわった。だが中に飛びこんだオスはいなかった。十数秒の旋回飛行ののち、オスはプイと紙コップから飛び去った。白い紙コップのまわりには性フェロモンのにおいが立ちこめていたけれど、肝腎のメスの姿が見えなかったのである。

「蛾は性フェロモンの匂いのする中でメスの姿を探す」ということを「科学的に」実証するために、ぼくはそれからいろいろな実験をした。メスの姿を隠すとか、紙モデルをつくってそれを置くとか。

初めのころの当惑も、その理由がわかってみればただの当惑ではなくなった。それどころか、それが新しい認識を開いてくれることになったのである。

けれどもやがて、ぼくはまた当惑することになった。

「蛾のオスは夜の暗闇の中で、遠くから風に乗ってただよってくる、かすかな性フェロモンの匂いを敏感にキャッチし、それに導びかれてメスのところへ誘引される」このことは当時の常識であった。

この常識に支えられて、世界の多くの研究者たちはさまざまな害虫の幼虫を大量に飼育し、それらから生まれたメスを集めて性フェロモンを抽出した。

化学的手法も機器も格段の進歩を遂げていたから、抽出された性フェロモン物質はすぐ化学分析にかけられて、分子構造が明らかにされる。

構造がわかったらすぐ人工的に合成する。そしてその合成した性フェロモンをゴム・キャップなどにしみこませ、それをセットしたトラップを作り、畑のあちこちに配置しておく。

翌日、トラップを開けてみると、その害虫のオスが、ときには何百匹も飛びこんで死んでいる、というわけだ。

こうしてかつての「皆殺し農薬」でなく、目的とする害虫のオスだけを大量に捕らえて殺す、性フェロモン・トラップによる害虫の大量誘殺法が確立され、広く使われるようになった。

それは性フェロモンが遠くからオスを誘引するという、当時の常識にのっとった新しい方法であった。関係者は毎朝トラップを見てまわり、性フェロモンのすばらしい威力に感嘆した。

性フェロモンはどれくらいの距離からオスを誘引するのだろうか？　マークをつけたオスを

トラップから一定の距離で放し、どこに放したものまで誘引されるかを調べる実験が、いろいろとおこなわれた。

害虫の種類や実験のやりかたによって結果は多少異なっていたようであるが、たいていは数百メートルから一キロメートル、二キロメートル、ときにはなんと一〇キロメートル以上という驚くべき値が得られた。

そんな遠くだったら性フェロモンは極端に薄まっているはずである。そんなに薄いフェロモンにも虫は感じるのだろうか？　苦労してそれを調べてみると、虫の触角はごくごくわずかのフェロモン分子にも感じるという結果になった。

虫はそのように薄い性フェロモンを触角でキャッチすると、その匂いを追って風上に向かって飛んでゆき、最後にその匂いのもとであるメスのところへ到着するにちがいない。

そのしくみについてもさまざまな説が考えられ、それを裏づけるための実験が次々に報告された。それらはいずれも、性フェロモンは驚くべき遠くからオスを誘引するという常識を科学的に説明しようとするものだった。

でもオスたちは、ほんとうにそんな遠くからフェロモンに誘引されるのだろうか？　ぼくにはどうもそれが信じられなかった。フェロモンてそんなに魔術的なものなのだろうか？

前に書いたとおり、性フェロモンにひかれてやってきたオスは、最後にはメスの姿を探す。何キロも遠くにいて姿も見えないメスから、風に乗ってただよってくる性フェロモンのかすかな匂い。それにひかれてひたすら風上へ風上へと飛んでゆくほど、オスは受動的なものなのだろうか？

考えてみると、それまでの観察で、オスが風下の遠くからメスのところへ飛んでくるのを見たことはなかった。なぜだろう？

そこで性フェロモンを放出しているメスの近くで、あたりをオスがどのように飛んでいるかを、よく注意して見ることにした。

そのときぼくが観察していたアメリカシロヒトリという蛾は、まっ白くてよく目立つ虫であり、その時間帯には他の蛾はほとんど飛んでいない。観察はしやすかった。

そろそろうす明るくなってきた中で目を凝らして見ていると、オスたちはじつにでたらめな飛びかたをしていた。風の方向はたえずチェックしているのでよくわかるのだが、オスは風向きとは何の関係もなく飛んでいた。風上に向かうのもいるが、風を横切って飛ぶのもいた。風下に向かって飛ぶのさえいた。いろいろな人の論文や学会発表とはまるでちがうではないか！

ぼくは縦四メートル、横六メートルという大きな黒い布の幕を大学の校舎の横につり下げ、その中央より少し下に、メスを数匹入れた金網のかごをとりつけた。そして少し離れたところから、黒幕の上を飛ぶ白いオスの蛾の飛跡を記録した。

当時学生だった櫻井勝(さくらいしょう)君と一緒に、この観察を何回かしてみたら、結果はじつに明らかであった。

オスたちは大きな黒幕の上を、風向きとはまったく関係なく、ものすごい速さで飛びながら通りすぎてゆく。右上から左下へ、右下から左上へ、上から下へ、途中でくるりと向きを変えて、もときた方へ戻っていくのもある。まさにでたらめというかランダムという他ない。

七月の末というその季節には、たくさんのオスが次から次へと現れ、黒幕の外へ消えていった。メスの入った金網のかごなど、まったく無視されているようだった。

ところがそのうちの一匹が、たまたまメスのかごの風下側二メートルほどのところを通過した。そのとたんオスは飛びかたを変えた。いきなり飛ぶスピードを落とし、それまでの直進からジグザグ飛行になって、かごに向かっていったのである。そしてかごに飛びついた。

まもなくもう一匹が同じようなことをした。そしてしばらくしてまた一匹が！

これでぼくにはもうわかった。オスたちは性フェロモンに遠くから「誘引」されてなどいないのだ。

オスたちは猛烈なスピードでランダムに飛びまわり、メスのごく近くで性フェロモンが高濃度にただよっているところ（ぼくはこれをフェロモンの「有効圏」と呼ぶことにした）を探している。そしてたまたまそれに遭遇（そうぐう）すると、突然に飛びかたを変え、ゆっくりジグザグにフェロモン源に近づきながらメスの姿を探して、彼女に飛びつくのである。「遠くから誘引される」というのは、この積極的な探索の結果なのだ。性フェロモンは魔術ではなかったし、オスはひたすらフェロモンに誘われる受動的な存在ではけっしてなかった。

（二〇〇三年 七三歳）

ホタルの光

ホタルが古くから人の関心をひいたのは、その光によってである。ホタルはなぜ光るのだろうか？

生物についてよくいわれるように、この「なぜ？」には二通りの答えがある。一つは「どのようにして光るのか、光ることができるのか？」ということである。

一八八五年というから、かれこれ一〇〇年近く前、フランスの生理学者のデュボア[1]という人が、ホタルではないが、やはり発光する甲虫であるヒカリコメツキを使って、おおよそ次のような実験をした。

この虫は、夜、電灯などに飛んできて、あおむけに置くと、パチンと音をたててはねあがるコメツキムシの仲間であり、ホタルと同じように発光器をもっている。このヒカリコメツキの発光器を切り出し、それを水中ですりつぶしてしばらくおくと、やがて光は消えてしまう。もう一匹の発光器を切り出して、沸騰している湯のなかですりつぶすと、とたんに光は消える。

ところが、二つながら光の消えてしまったこのすりつぶし液を両方まぜあわすと、また光りはじめるのである。

このことからデュボアは、この虫が光るには二つの物質が必要で、一つは熱によって破壊されないもの、もう一つは熱によって破壊されてしまう酵素様のものだと、考えた。そして、光の担い手であった悪魔ルシファー(ルシフェル)に因んで、前者をルシフェリン、後者をルシフェラーゼ(アーゼという語尾は、酵素を意味する)と名づけた。ルシフェリンにルシフェラーゼが作用することによって、光が生ずると考えたのである。

その後、いろいろと詳しいことがわかってきたけれども、デュボアのこの考えかたは、基本的には今日なお採用されている。ルシフェリンとルシフェラーゼはどちらも純粋の結晶として、とりだされており、ホタルの種類によってルシフェリンの分子構造がわずかずつちがい、それに伴って、光の色も、すこしずつちがう。

ホタルをあおむけにして見ると、腹の先が白くなっているが、これが発光器である。白くみえるのは、いちばん奥の白い「反射板」が、透明な発光器の本体と、やはり透明な皮膚とをとおしてみえるからである。

この発光器は、ほっておいてもかすかに光る。死んだホタルもほのかに光るし、頭を切落したホタルは長い間ぼんやりと光りつづけるが、ちゃんと光るためにはやはり脳からの指令が必要である。例えば、頭を切落してしまったホタルの胸のあたりに電極をさしこみ、電気を通じて、強引に脳の指令のまねごとを与えてみると、そのたびにピカッと光ることもわかっている。あとで述べるように、ホタルの光りかたは種によってちがい、また同じ種でも、雄、雌によってちがう。そのようなちがいは、いずれも脳の指令のしかたのちがいにもとづくものである。

ホタルがなぜ光るのかという問いに対する第一の答えは、これくらいでやめておこう。この先はかなりしちめんどくさい話になるだけでなく、まだよくわかっていないことも多いのである。

「なぜ光るのか?」に対する第二の答えは、「なんのために光るのか?」ということである。

昔は動物のなんらかの行為を「擬人的」、「目的論的」に解釈することを極度に避けようとしたあまりに、「なんのために?」という問いを発することは、非科学的であり、素人的であるとして非難された。その結果、鳥はただ鳴きたいから鳴くのである、といった説明がもっとも正しいとされた。このいいかたをもってすれば、ホタルはただ光りたいから光っていることになる。

けれど、それではなんの説明にもならないし、いっこうに科学的だとも思えない。ホタルの雄が飛びながら光を発し、草むらにとまっている雌がちらっと光ると、急いでそちらへ飛んでいくというようなことがみられる以上、ホタルの光は雄と雌の交信に使われているのだと信じられるようになった。

アメリカのあるホタルで、くわしい研究がおこなわれた。まず、飛んでいる雄の近くで、小さな懐中電灯をちらっとつけてみると、雄がその光のところへ飛んでくることがある。雄にとって雌の光は、やはり雌の存在を知らせる大切な信号らしいことは、ますますたしからしく思われた。

けれど、事態は予想以上に複雑であった。最終的にわかったのは、次のようなことである。このホタルは、地面に近い低いところを、波形に飛ぶ。波の谷から谷の間は時間にして六秒かかる。雄はこの谷に近づくごとに、つまり六秒ごとに、二分の一秒間、黄緑色の光を発し、それとともに急上昇する。そこでJ字形の光が暗闇の中に点滅することになる。

雌は草むらにとまっているが、雄のこのJ字形の光が自分のごく近くに見えたら、二秒間おいて二分の一秒だけ光る。雄はそれをみつけたら、方向をかえ、さっきと同じぐあいに光る。雌はまたそれに答える。こうして、雄は雌の近くをいきつもどりつして、ついに雌のところへ到達し、交尾するのである。

雄が光ってから雌が答えるまでの二秒という間隔が、雄にとってはきわめて重要である。この間隔がわかってから、研究者は懐中電灯の光によって、自由に雄のホタルを呼びよせることができるようになった。

ホタルにはたくさんの種類があるが、種によって光の色ばかりでなく、雄の光りかたもちがい、それに対する雌の答えかたもちがう。ある種はチカチカチカと光って一秒休み、ある種はピカー、ピカーと光る。日本のヘイケボタルはわりとせっかちな光りかたをし、ゲンジボタルはもっと長く光っては、長く間をおく。まっくらな夏の夜のなかを、いろいろな種のホタルが飛びかっていても、このような光りかたのちがいによって、ホタルたちは互いに自分と同じ種の異性を正しくみつけだすことができる。

フロリダ大学のジェームズ・ロイドは、電子発光装置と電子測定装置を使って、人工的に標準からずれた雄の光を発してみせ、それに対する雌の反応がどれくらい狂ってくるかをしらべてみた。その結果、この信号のシステムは多少の狂いがあったにしても雌がちがった種の雄に答えてしまうことはないくらい正確にできあがっていることを知った。

ところがその後、ホタルの世界には恐るべき悪女のいることが、明らかになったのである。ロイドと並んでホタルの研究者として知られているバーバーは、こんなことを観察した。ある小形のホタルの雄が光り、草むらから正しくこの種の雌の答えがあった。もちろん雄はその答えた雌のところへ飛んでいった。バーバーが懐中電灯でてらしてみると、なんとそこにはまったくべつの種の大きなホタルの雌がいて、今飛んできた小形のホタルの雄に、おそいかかろうとしていたのである。

同じことはロイドも経験した。このときには、現行犯であった。この大きな悪女はだまされた小さな雄をむさぼり食っているところだった。

この大型種のホタルの雌は、いくつかのちがう種のホタルの信号のシステムをちゃんと「知って」いて、それぞれの方式でにせの答えを発し、雄をだまして呼びよせては食べてしまうのである。ローレライやセイレネスをはるかに上まわる悪女ではないか。

とはいえ、すべてのホタルが光るわけではない。日本にもオバボタルなど光らないホタルがたくさんいる。また、ヨーロッパのツチボタルの仲間は、ホタルらしい姿をした雄は光らず、翅もなくて、到底ホタルとは思えないまるで大きなウジのような雌だけが光る。そこでこのホタルはグローワーム、つまり「光りウジ」とよばれている。だから英語でホタルをさすことばには、ファイヤーフライ（火のハエ）とグローワームの二つがある。ホタルはほんとうはカブトムシなどと同じ甲虫（ビートル）なのに、ファイヤービートルともグロービートルともよばれていないのはふしぎである。

それはともかくとして、一〇年ほど前、このグローワームで、じつに興味ふかいことが発見された。

この話にはすこし前置きが要る。人間をはじめ、すべての哺乳類、鳥、魚、それにトカゲやカメのような爬虫類（はちゅうるい）、カエル、イモリのような両生類をふくめた脊椎動物では、大人になった雄、雌の特徴は、いわゆる性ホルモンの働きによって生じる。だれでも知っているとおり、人間の男のひげは男性（雄性）ホルモンによるものだし、女の色っぽい体つきは女性ホルモンの作用による。

ところで、雄と雌の体つきや形がちがうのは、人間や脊椎動物にかぎったことではない。雄と雌というものは、どうやら全動物界を通じてちがうものであるらしく、カブトムシの雄雌に典型的にみられるとおり、昆虫でも雄雌の形や色はちがうのである。形や色ばかりでなく、感覚や行動も雄と雌ではちがう。「やっぱり男ってちがうのね」というような嘆息は、昆虫の世界にもありうるのだ。

だとすれば、昆虫にも性ホルモンがあるにちがいない。人間その他の脊椎動物では、性ホルモンは生殖腺から分泌される。男性ホルモンは精巣から、女性ホルモンは卵巣から、というわけである。だから、子どものころに精巣をとってしまった動物は、ちゃんとした雄の姿になることができない。きっと昆虫でも同じようになっているはずだ。

われこそは昆虫で性ホルモンを発見してやろうと思いたった人は、あちらにもこちらにもいたらしい。いろいろな研究者が、いろいろな昆虫で、精巣を取除く実験をしている。けれど、結果はどうみても思わしくなかった。

サナギのときに精巣をとりさってみても、立派な雄のチョウがかえってくる。サナギではもうおそかったのだ。つまり、親のチョウの雄らしい特徴を生じる性ホルモンは、もっと早くから働いていたのだとも考えられるから、今度は幼虫のときに手術をする。それでも、立派な雄が生まれてくる。それではもっと早く、ごく小さい幼虫のときに、というので、たいへんな苦労をしてごく若い幼虫の精巣をぬきとった人もいた。けれど、べつにどうということはなかった。

一方では、雄、雌のサナギを、それぞれ半分に切り、半分ずつくっつけてみた人もいる。この実験はなかなかうまくいかない。たいていは死んでしまうのだが、うまくすれば、ちゃんとくっついて生きのびる。なんのためにこんな実験をしたかというと、もし雄には雄性ホルモンが、雌には雌の性ホルモンがあるとしたら、それを二つくっつけたら全体として、雄とも雌ともつかぬ中間的な親ができてくるはずだからである。

だが、やはり期待ははずれた。うまく生きのびたサナギは、例えば左が立派な雄、右が立派な雌、という親になってしまったのである。サナギでは時期がおそすぎるというので、なんと卵を二つにわってくっつけた人もいる。けれどやはり失敗であった。

そのような空しい研究がつづけられたあげく、とうとう人びとはあきらめた。そして結論した——昆虫には性ホルモンは存在しないのだと。

ところが、一九六〇年ごろ、ブリュッセル自由大学のジャクリーヌ・ネースというお嬢さんが、まさにグローワームで雄の性ホルモンを発見したのである。

グローワームの幼虫は陸生で、木の皮の下などにひそんでおり、ときどき出歩いてカタツムリを食べる。因みにこういう陸上生活をするのがホタルとしてはむしろ普通のことなので、幼虫が水の中に住む日本のゲンジボタルやヘイケボタルはちょっとかわっているのだ。

前にも述べたとおり、ツチボタルの親は雄と雌でまるでちがうが、注意してみると、幼虫のときにも、雄と雌を区別できる。ジャクリーヌは雄の幼虫と雌の幼虫の背中にそれぞれ穴をあけ、背中あわせにくっつけてみた。

おどろいたことに、雌はまもなく雄化しはじめたのである。体のなかの脂肪が雄型になり、卵巣は発育を止め、崩壊していったばかりか、精巣にかわりはじめた。

雄にならせるホルモンが存在することは、もはや確実であった。こんどは雌はあらかじめ、精巣をとった雄の幼虫と正常な雌の幼虫をつないでみた。ジャクリーヌは雌は雄化しなかった。

そこで、雌の幼虫に雄の幼虫からとった精巣を植えこんだ。雌は完全に雄になった。

こうして、ツチボタルという昆虫で、昆虫にも性ホルモンの存在することが明らかになった。けれど、ほかの昆虫ではいまだにこのようなホルモンはみつかっていない、なぜツチボタルにだけ性ホルモンがあるのか、その理由はまったくわからないままである。（一九七九年 四九歳）

カタクリとギフチョウ

今年（一九九六年）の春は寒かった、花も十日以上おくれたなどといわれながら、結局、サクラは各地でいつものように美しい花を咲かせた。

そろそろサクラも終わりかなというころには、そこここでタンポポが咲きはじめた。ぼくが学長を務める滋賀県立大学のある彦根(ひこね)では、お城の濠端(ほりばた)の斜面は一面にタンポポの花ざかり。空き地に咲く菜の花も加わって、ああ、春だなあとしみじみ思ったことであった。

季節がめぐってくると、そのときどきの花が咲き、チョウが舞い、鳥が歌う。当たり前のことのようにも思うけれど、人はそこに大自然の力、自然のふしぎを感じないではいられない。とくに、寒い冬が次第に遠のいていってついに春がきたときはなおさらである。

なぜ自然はこんなにうまくめぐっているのだろうか？　生物学者にとっては当然興味をそそ

られる問題だ。

今年は寒かったからサクラの開花はかなりおくれたが、暖い年にはふだんより早く花が咲く。だから、寒い、暖いが開花の時期をきめていることは確かである。

けれどサクラは、冬の間からつぼみがふくらんでくる。その時期にはまだ寒いから、つぼみのふくらみは暖さによるものではない。そもそも暖くなってからつぼみをふくらませ始めたのでは間に合わない。

じつはサクラが花の芽を作るのは、前年の夏である。このときにもう、来年の花が作られはじめているのである。サクラの花は暑い夏に作られて、寒いときにふくらみ、暖くなって開くのだ。その丹念な用意周到さ！

いずれにせよ、植物はちゃんと季節を知っている。そして、一年のきまった時期に花を咲かすよう、厳密なタイム・スケジュールが組まれている。

昆虫にしても同じである。サクラはいわゆる狂い咲きをべつにすれば、一年に一回しか花を開かない。同じように、一年に一回しかあらわれないチョウもいる。

新聞などで「春の女神」と讃えられるギフチョウもその一つである。学術的には名和靖氏によって初めて採集された岐阜県に因んで、ギフチョウと呼ばれてきたこのチョウは、日本のあちこちの山麓地帯に棲んでいる。土地によって異なるが、その土地の春、四月から五月にかけて、その美しい姿を見せる。それはちょうど、カタクリという草が可憐な花を咲かせる季節であり、カタクリの花の蜜を吸うギフチョウの姿は、春の美しい象徴として、しばしば写真に登場する。ギフチョウが姿をあらわすのも一年に一回、カタクリが花を咲かすのも一年に一回。しかもその土地、土地でこの二つはぴったり合っている。

ぼくは昔、ギフチョウがなぜこの時期にチョウになるのか調べてみたことがあった。もう三十年ほど前、農工大の助教授時代のことである。

東京近郊では、ギフチョウは四月の末には、雑木林の林床に生えるカンアオイという草の葉裏に卵を産む。十日もすると、卵から幼虫が孵る。美しい親のチョウからは想像もつかない、まっ黒い毛の生えた毛虫である。

幼虫はカンアオイの葉を食べて育ち、六月の終わりにはサナギになる。どういう場所でサナギになるかがわかったのはほんの一、二年前のことであるが、それについては別の機会に譲るとして、とにかくこのサナギは七月、八月、九月、十月、十一月、十二月、一月、二月、三月と九か月かけて、翌年の四月にチョウになるのである。

この九か月という長い間、サナギはいったいなにをしているのか？　ぼくらはそれをどうしても知りたかった。「ぼくら」というのは、当時農工大の四年生だった石塚祺法(よしのり)君と坂神泰輔(やすすけ)君、それにぼくの三人だった。

美しいギフチョウの標本が欲しいので、ギフチョウの幼虫を飼育する人はたくさんいる。そういう人々の中には、十二月ごろサナギを割ってみると、サナギの中にもうちゃんとチョウの形ができていることを知っていた人もいた。

これは、同じようにサナギで冬を越して、春、チョウになるアゲハチョウとは決定的にちがう。アゲハチョウのサナギの中にチョウの形ができてくるのは、四月、冬の寒さが終わって暖くなってからなのだ。

そこでぼくらは考えた。ギフチョウのサナギは暑いと眠っていて、秋、涼しくなったらチョウの形ができ始めるのではないか?

それを試してみるのは大変だった。冷蔵庫なら大学にもある。でも冷蔵庫では冷えすぎだ。クーラーなんかない時代に、真夏を涼しくするために、一日じゅう水を流しておく装置を作った。装置が故障して建物じゅうが水浸しになり、さんざん叱られたこともあった。

でも結果は大成功だった。七月、八月を暑さにあてず、涼しくしておいたギフチョウのサナギを八月末に解剖(かいぼう)してみたら、ちゃんと中にチョウの体ができ始めていたのだった。

秋、十月の半ばも過ぎたころ、サナギの中につくられ始めたチョウの体が、寒い冬の間にゆっくりゆっくりでき上っていき、三月末の暖さで一気にチョウになる、というのが、その時のぼくらの結論だった。

けれど、それから二十年ほど後、京大で、ぼくの研究室の大学院生だった石井実君が、この結論に疑問をもった。そして、冬に入るころサナギの中でほぼでき上ったチョウは、今度は冬の眠りに入り、春の暖さでその眠りからさめてチョウになるのだということを証明した。

カタクリの花はどうしてギフチョウと同じ時期に咲くのだろう? 昆虫と植物でしくみが同

じだなどとは考えられない。けれど、どの年にも、ギフチョウがあらわれるとき、カタクリの花も咲くのである。

（一九九六年 六六歳）

ギフチョウ・カタクリ・カンアオイ

温帯地方ならどこの土地でも、春は蝶の季節である。寒い冬をじっと越してきたサナギから、次々に蝶がかえってくる。

温帯でも冬がそれほど寒くない、日本なら本州、四国、九州といったところでは、秋に蝶になっていて、それがそのまま冬を越すものもいる。冬の間、どこかにじっと身を潜めていたこういう蝶たちも、春になると待ちかねたように春の日の中に飛びだしてくる。こうして春が蝶の季節になるのである。

春の蝶は数えあげたらきりがない。日本の温帯地域には一〇〇種類をこえる蝶がいるが、その中で、とくに名をあげて話題にされる蝶がいる。それはギフチョウである。

ちょうどサクラの花もさかりのころ、ギフチョウはあまり人もいかない山すそのあたりに姿をあらわす。

ある理由から、ギフチョウの数はあまり多くない。一面にギフチョウが乱舞するということはないのだ。だから人目にはほとんどとまることもなかった。

ギフチョウのあらわれるころ、そのあたりには可憐なカタクリの花が咲く。かつてはその球根からデンプン（片栗粉）をとったともいわれるユリ科植物のこの草は、ギフチョウの好みそうな場所に生える。そしてこれまたある理由から、ときには山すそのあちこちに群生する。

そのある理由というのは、植物生態学の河野昭一先生の研究によれば、次のようなことである。カタクリの美しい花には、春先の昆虫がたくさんやってくる。ギフチョウもその一つだ。そしてこれらの昆虫によって授粉されて種子ができる。

カタクリの種子には、種子本体にくっついた特殊な部分がある。この部分はある種の特別な脂肪酸を大量に含んでいて、「油小体」という意味でエライオゾームと呼ばれている。

エライオゾームは種子本体の栄養になるわけでもないし、種子の発芽を助けるわけでもない。けれど、植物の種子を集めて巣に貯めこみ、食物にしているようなアリたちは、このエライオゾームが大好物だ。エライオゾームのついたカタクリの種子をみつけると、アリたちはさっそくそれをくわえて、巣に持ち帰る。

けれどこのアリたちはエライオゾームを食べたいのであって、種子そのものには関心がない。カタクリの種子を持ち帰ったアリは、巣の入り口でエライオゾームを切り離し、種子本体は巣の近くに捨てて、エライオゾームだけを巣の中に運びこむ。

春の終わり、カタクリの種子の熟するころには、こうしてたくさんのアリたちがカタクリの種子を巣に運んで、巣のまわりに捨てていく。

やがてこのカタクリの種子たちは発芽する。アリたちが集めてくれたおかげで、たくさんの芽が生え、まわりの草との競争に勝って、みんなすくすく育っていく。少し密度が高すぎたら、カタクリの芽どうしの間で競争がおこり、強い芽が生き残る。こうしてそこに、アリたちの意図とは関係なく、カタクリの群生ができあがるのである。

カタクリはこのようにして群生することもあるが、ギフチョウの数はそれほど多くはない。前に述べたとおり、それもある理由からである。

その理由とは、カタクリの場合より単純である。ギフチョウの幼虫が食物としているカンアオイという草が、もともとたくさん生える植物ではないからだ。

カンアオイもまた、好みの強い、変わった植物だ。日光を好むので、深い森の中には生えられない。けれどあまり強い日光は嫌うので、開けた草地にも生えられない。

結局のところカンアオイは、若い、まだあまり茂っていない雑木林の下草として生えている。林が茂って森になっていくにつれて、カンアオイは消えていく。人間が雑木林を伐採したりしても、カンアオイは数年ならずして消える。

その上、カンアオイの花が変わっている。カンアオイは春に新しい葉を二、三枚広げ、その間に一つ花をつける。この花はとても花とは思えない。地面に触れた、丸いかたまりのようなもので、色は黒褐色。一つつまみとって鼻先に近づけてみると、乾きかけた子どものおねしょ（寝小便）のような匂いがする。芳（かんば）しい花の香りなんていうものではまったくない。

こんな花にも、ちゃんとおしべとめしべがあり、おしべには花粉もある。いったいだれがきて授粉してやるのか？

それはカタツムリとナメクジなのだそうだ。ぼくは現実にこの目で見たわけではないが、カンアオイの花は風媒花でも虫媒花でもなく、蝸牛媒花だということになっている。

授粉の結果、できた種子がどのようにして散布され、芽を出すのか、ぼくは知らない。そしてカンアオイの小さな株は、春が終わるともうあまり大きくもならないし、広がってもいかないらしい。一株が地下茎を伸ばして新しい子株を生じ、それがまた、というようにして、一平方メートルに広がるのに、何十年もかかるだろうといわれているくらいだ。これがほんとうかどうかもぼくは知らないが、とにかくカンアオイは、セイタカアワダチソウなどとはまったく異なって、じつにゆっくりとしか増えていけない植物なのである。

どういうわけかギフチョウは、こんなカンアオイという植物を食べて育つことにしてしまった。してしまった、というよりは、なってしまった、というべきなのだろう。でもわれわれがあとからみると、ギフチョウが結果的にはこんな生きかたを選択してしまったようにも思えてしまう。

群らがって咲くカタクリの花に、ギフチョウはときたまやってくるだけである。カタクリの花にとまってみつを吸っているギフチョウの姿はとてもかわいらしく、その写真はすばらしく美しい。けれど、飛んでいるギフチョウは、ただせわしなく飛ぶ蝶とみえるだけで、写真から想像する「春の女神」の優美さはない。

ギフチョウが一年近くにわたるサナギの季節を経て、なぜ毎春きちんとあらわれるか。それについてはすでに書いた。[1] そんなギフチョウとそれが育つカンアオイ、そしてギフチョウが美しくみつを吸うカタクリとアリ。三つども、四つどもえの自然の姿を、次第に深く知れば知るほど、ぼくはただ驚くばかりである。

（一九九九年 六九歳）

動物の予知能力

秋、カマキリが高い所に卵を産むと、その冬は雪が深い、とか。

雪国ではあちこちにこのような言い伝えがある。

カマキリにはオオカマキリ、チョウセンカマキリ、ウスバカマキリ、ヒナカマキリなどいろいろな種類があるが、いずれも秋、九月の末から十月ごろ、木や灌木の細い枝や、丈の高い草の茎に卵を産む。

卵は数十個が塊りになって、一見フワフワした覆いに包まれた卵嚢として産みつけられる。卵嚢の覆いは発泡スチロールのような多孔質で、その形や色や硬さは種類によって異なるが、カマキリのこの卵嚢にはたいていの人がおなじみであろう。

多孔質の覆いは熱を遮断して暖かそうに見えるけれど、そのほんとうの役割は中の卵を寒さから守ることではない。この覆いは水を絶対に通さないので、雨が降ろうが雪が降ろうが、中の卵は湿ったり濡れたりすることがない。冬を越す昆虫にとっていちばん恐ろしいのは寒さではなく、乾燥して干からびたり、あるいは凍ってしまったりすることである。水を通さぬ卵嚢の覆いは、こうして卵を乾燥や凍結から守っているのである。

とはいえこの覆いは人工のプラスティックではない。卵嚢が一冬じゅう雪に埋もれていたら、その効力も失われてしまうだろう。

だから、カマキリは、初めに書いた言い伝えによれば、秋、来たるべき冬の雪の深さを予知して、それに応じた高さの所に卵を産むというのである。

これはたしかに理にかなっている。しかし、まだ雪などまるきり降っていない十月ごろに、どうしてその冬の雪の深さを予知することができるのだろうか？

雪の深い年は寒いかもしれないが、九月や十月の、しかもカマキリが産卵活動をする昼間は、いかに雪国地方とはいえまだまだ暖かい。汗ばむ日だってあるだろう。それなのにどうしてカマキリは来たるべき雪の深さを予知することができるのだろうか？　そう考えてみると、この言い伝えはどうも信じがたい。それは単なる迷信にすぎないようにも思えてくる。

去年の春、新潟県長岡市にある国立長岡技術科学大学の丸山暉彦先生からぼくに電話がかかってきた。「長岡にお住まいの酒井さんという人がこの言い伝えの真偽に取り組んで、十年以上にわたって新潟県の各地でたくさんのカマキリの卵嚢の高さを克明に記録し、それとその冬の雪の深さとの関係を調べてきた。統計学的手法も用いてきちんと解析してみると、やはりカマキリは来たるべき雪の深さを予知し、それに応じた高さの所に卵を産んでいるとしか思えない。これは土木工学の分野では貴重な発見といえるので、うちの大学の工学博士の学位を差し上げたい。ついては生物学の分野の人として、その学位審査委員になってはもらえまいか」

ぼくは丸山先生のこの話をきいて、正直なところびっくりした。ほんとにそんなことがあるのだろうか？

「とにかくすごくおもしろい話です。これまでにその方が書かれたものや資料などがあったら送っていただけませんか」

いささか半信半疑ながら、ぼくはこうお答えした。

やがて丸山先生から資料が送られてきた。それは大変慎重なものであった。

卵嚢の産みつけられた高さと雪の深さとの関係といっても、ことはそれほど簡単ではない。気象情報で積雪一メートルといっても、吹きだまりにはもっと深く雪がたまる。反対に吹きさらしの場所では雪は風に吹きとばされて、二、三〇センチしか積もらない。カマキリにとっては平均値としての気象情報ではなく、こういうその場その場での具体的な雪の深さが問題のはずである。

酒井與喜夫さんは、酒井無線という通信工事関係の会社の社長さんで、いわば全くの素人である。その酒井さんはまさに素人の情熱で、徹底的にカマキリの卵嚢の高さを調べて歩いた。しかも、吹きだまりか吹きさらしかというような補正法を考案してそれを加えながらデータを集めていったのである。

十年あるいはそれ以上にもわたるそのようなデータの集積を丹念に見ていくと、どう考えてもカマキリはその場所の来たるべき冬の雪の深さを予知し、その雪に埋まってしまわないような高さに卵を産んでいるとしか思えないのだった。

何でもいいから五メートル、六メートルもの高さに卵嚢を産んでおけば、その冬にどんな雪が降っても大丈夫なことはきまっている。けれど、そんな高い草はないし、灌木でもそれほどの高さに達するものは少ない。雪の深さを予知して、最低限の所に産むほうが、産卵場所の選択はずっと広まる。カマキリはそれをやっているのではないだろうか？

いつも雪の深い土地、あるいはいつも雪の少ない土地に住んでいるカマキリを何十匹かずつもってきて、新しく造成して木を植えた、つまりそれまでカマキリのいなかった場所に放して卵を産ませる実験の結果、カマキリたちはほんとにそうしていることが明らかになった。長岡工業高専の湯沢昭先生による数学的手法の助けも交えて、今やこのことは確かである。

今年（一九九七年）の五月、学位審査のための公聴会が開かれ、六月には酒井さんは工学博士（博士・工学）となった。前々からカマキリ博士として地元ではよく知られていた酒井さんは、いよいよほんとの博士になったのである。日本の雪氷学界ではすでに有名だったカマキリの積雪予知能力は、これで疑うべからざるものになったといってよい。

けれど、カマキリはどうやって来たるべき雪の深さを予知できるのであろうか？

この地方でカマキリが卵を産むピークは十月の初旬から中旬である。実際に雪が降りだすのは十一月の末。根雪になるのは十二月に入ってからだ。卵を産んだカマキリはもちろんすぐに死んでしまう。死んでから二か月先のことを、いったいどうやって予知するのだろう。

酒井さんは今その問題と取り組んでいる。動物の予知能力をオカルトの世界の問題にしないためにも、ぼくは大いにたのしみにしている。

（一九九七年 六七歳）

概年時計

カレンダーを見ると今年（二〇〇五年）ももう一二月。ああ、また一年経ったのか。何か悔やまれるような気持ちになる。そんなときいつも思うのが「概年時計」のこと。概ね一年を周期とする生物の体内時計のことである。

「粘菌」という奇妙な生物がいる。変形菌とも呼ばれる菌類(1)、大ざっぱにいえばキノコに近い生物で、地上の枯枝の上などに糸状、膜状に広がって増えていく。そしてある時期がくると、突如小さなキノコのような子実体というものを作り、そこから胞子を撒き散らす。

この子実体を作るのが、一年に一回、しかも特定の季節ときまっているそうだ。外界とは隔離された実験室の中の、一年じゅう同じ温度、ライトはつけっ放しという恒常状態のもとでも、一年の一定の季節になると、粘菌は申し合わせたように、子実体を作り始めると聞いた。どうして一年という時間の経過がわかるのだろうか？

同じようなことはキンイロジリスというリスの冬眠や、ニホンジカの角の脱落そのほかいくつかの動物でも知られている。これらの場合にはどうやら動物の体内に一年を周期とする体内リズムがあり、動物はそのリズムによって一年の経過を知っているとしか思えないというのである。

じつはこれに類したリズムは人間にもある。海外旅行をした人なら誰でも経験する時差ボケの原因がそれである。

ただしこの場合、リズムの周期は一日である。ほとんどすべての生物は、体内にほぼ一日を周期とするリズムをもっており、それにしたがって体全体の活動がおこなわれているのだ。

このリズムは、ある意味では時計である。この時計によって生物は、外界の様子にかかわりなく、一日という時間の経過を知ることができる。われわれが使っている腕時計や掛け時計も、機械じかけとはいえ原理は同じである。

ちゃんとした時計なら周期は一二時間で、二周すると正確に一日（二四時間）になる。けれど生物の体内リズムの時計は、多くの場合、周期が二四時間より少し短い。つまり「概ね一日」なので、概日(がいじつ)リズム（circadian rhythm）とか概日時計（circadian clock）と呼ばれている。生物たちはそれを、毎日の日の出をきっかけにして調整し、周期がきっちり一日の時計にする。そして、その土地の時間に合わせた活動をしているのだ。

人間も同じようにやっている。そこで六時間も時差のある外国へ突然旅したりすると、体内時計の時刻と現地の時刻とに差が生じて、時差ボケがおこってしまうのだ。

概日時計については昔から克明な研究がたくさん行われており、今ではリズムの正体の分子的なことまでわかってきた。

けれど問題は概年時計である。一年という長い時間を計る体内時計などありうるのか？　そもそもそんなリズムがありうるのか？

概年時計なんて想像にすぎないとか、それはあのロビンソン・クルーソーの話のように概日時計による毎日を積み重ねたものではないのかとか、否定的な議論が多かった。

ごく最近、京大動物学教室出身で今大阪市立大学の教授をしている沼田英治(ひではる)氏から、手紙とともに論文が送られてきた。何年にもわたる緻密(ちみつ)な研究の結果、概年時計の存在を証明できたというのである。

沼田グループが研究したのはヒメマルカツオブシムシという小さな昆虫であった。ウールの衣類や乾燥した動物性食品の害虫として昔から知られている虫だ。この虫の親虫は一年に一度、初夏にしか現れない。

この虫を二〇度Cという一定の温度、明期(昼)一二時間、暗期(夜)一二時間という一定の光周期、六六パーセントという一定の湿度で飼い始めたら、幼虫はゆっくり成長していって、ある時期になるとサナギになった。そのときサナギにならなかった幼虫をそのまま同じ条件で飼いつづけていくと、それから三七週後に、その多くがサナギになる。そのときもサナギにならなかった幼虫は、そのまた三七週後にサナギになった。つまり完全に一定の恒常条件下では、三七週という周期でサナギになり、親虫になるらしいのである。

季節変化の情報はまったく入ってこないわけだから、これはこの虫の体内の自律的なリズムだと考えられた。

明暗条件と湿度は前と同じにして、温度条件だけをちがえて飼ってみると、どの温度の場合にもほぼ三七週ごとにサナギになる。つまり、リズムの周期は温度によって変わらないのである。

こういう一定の周期があるということは、周期の初め、ピーク、終わりという位相があるということである。

きっとこの虫は自然界では、概日リズムを一日の時計として使う場合と同じように、春、日が長くなるという変化をきっかけにして、周期三七週（約八・五か月）というこの体内リズムの位相を調整し、周期がきっちり一年の時計にして、一年という時間経過を計っているのではないだろうか？

そこで実験室の恒常条件のもとで飼っている虫に、いろいろと時期を変えて、明期一六時間という昼の長い（長日の）日を何日間か与えてやると、サナギになる日のピークがいろいろにずれることがわかった。位相が手前にずれることもあり、おくれることもある。しかもそのずれる日数と方向は、長日を与えた日数によってではなく、その時期が自律的リズムの周期のどこであったかによってちがうのである。つまり長日はまさにきっかけなのであって、それによって何かがおこり、その結果自律的リズムの位相がずれるのだ。

これら一連の実験結果によって、周期がほぼ一年のこのリズムが、明らかに自律的なものであること、その周期が温度によって変わらないこと、そして適当なきっかけによってリズムの位相がずれることという、生物時計のもつ三つの大きな特徴が、すべて示されたのであった。この虫が、この「時計」によって一年という時間とその季節を知っていることはまずまちがいない、と沼田氏は言う。

時差ボケの原因となる概日リズムの積み重ねではなく、一年という長い時間を直接に計る基礎となる「概年時計（circannual clock）」というものの存在と性質を、初めてみごとに証明できたと沼田氏は考えている。われわれ人間にも概年時計はあるのだろうか？

（二〇〇五年　七五歳）

春の数えかた

この冬（一九九九年）、彦根は雪が多かった。五〇センチ近く積もった日もあった。けれどすぐ隣りの米原（まいはら）では、もっと雪が多い。そして米原からもう少し先へいくと、雪で有名な関ヶ原だ。ここは一面にまっ白な雪という日が何日も続いた。

彦根の琵琶湖岸に立って見回すと、広い湖と遠くの山々が見える。その姿が季節によってちがうのは当然だが、年によってもさまざまに異なる。

今年は雪がよく降ったのに、伊吹（いぶき）山[1]はそれほど白くはならなかった。ある年は、平地に雪はほとんど降らなかったのに、伊吹はすっかり雪におおわれ、少し大げさにいえばアルプスかヒマラヤをも思わせる立派な姿になった。そんな年のアルバムを見ると、雪の伊吹を撮った写真がやたらに多い。

琵琶湖の西南側に連なる比良の山々も、年によってその姿がさまざまに変わる。比良の高嶺に雪は降りつつ、という歌が思わず口をついて出そうなほど、美しくまっ白になった年もあるが、期待に反してさっぱり白くならない年もある。

山や雪はこんなに年ごとに変わるのに、花はほとんど変わらないし、虫たちも変わらない。毎年、春になれば、花はちゃんと咲くし、虫たちも姿を現わす。当り前といえば当り前だが、やはり不思議な思いがする。

人々は「今年は異常ですね」とか、「地球の気候は狂ってしまったようですね」とか無責任にいうが、生きものたちはそうかんたんには変わらないようだ。だから、「サクラの花が狂い咲き」とかいう新聞の記事が、記事としての意味をもつのである。

毎日テレビで気象情報を見ていると、気象というものはなんと目まぐるしく変化するものか。「この暖かさも今日いっぱいで、今夜から大陸の寒気がやってきますので、また冬の寒さに戻るでしょう。しかしそれも一日ほどで、寒気は東方海上に去り、あさってにはまた三月半ばの陽気になるでしょう」。

こんなにくるくる変わる寒暖の波の中で、生きものたちはどうやって春の到来を知るのだろう。

小鳥が日長つまり一日のうちの昼の長さで季節を知ることは、半世紀以上前に実験的に明らかにされた。考えてみればこれはきわめて合理的なことで、だれでも知っているとおり、十二月の冬至には昼の長さがいちばん短い。日本ではほぼ九時間ほどだ。春分と秋分には昼と夜の長さがともに十二時間である。

冬至を過ぎ、一月、二月と暦が進んでいくにつれて、日は長くなっていく。これもだれでも知っていることだ。小鳥たちもそれがわかっている。日の長さは季節の移り変わりのまぎれもない徴なのである。

けれど、日長は気温とは関係がない。日の長さからすればもう春なのだが、年によってはまだ寒い日がつづく、ということもある。鳥のように自分で体温を一定に保つことのできる恒温動物ならよいが、虫のような変温動物たちは、こういうときには困るはずだ。

でも、そういう生きものたちも、多少の早い遅いはあるとはいえ、やはり春になれば毎年ほぼ同じ時期にちゃんと姿を現わしてくる。それはなぜか？

昔から知られているのは、温度の積算である。日本のように温帯にある土地だと、冬の間、気温は何日かごとに変化する。いわゆる三寒四温である。つまり三日寒かったらそのあと四日ほど温かい日が続き、また寒さがくるのだ。こんなことをしながら、次第に全体として季節は春になっていく。

生きものたちは、この揺れ動く気温の毎日、毎日に反応するのでなく、それを積算しているというのだ。

それもただの積算ではない。ある一定温度より低い、極端に寒い日には、その温度は数えない。この一定の温度は発育限界温度と呼ばれている。生きものをいろいろな温度で飼って、何日で発育が完了する——たとえば虫の卵が孵る、あるいは幼虫がサナギになる——かを調べていくと、温度と発育日数のグラフができる。温度が低くなるにつれて、発育にかかる日数は長くなっていく。そしてある温度でそれが理論的には無限大になってしまう。つまり、この温度以下では、何年待っても発育がおこらないのである。

日本に棲む多くの虫では、この発育限界温度はだいたい摂氏五度から十度の間にある。

そこで虫たちは、こんな「計算」をしている。わかりやすく、この虫の発育限界温度を五度としよう。気温が五度以下の日は、何日あっても計算には加えない。冬のさ中でも、たまたま暖かくて、七度という日があったとしよう。すると、七度から発育限界温度である五度を差し引いた二度が有効温度になる。この二度掛ける一日（二度×一日）がこの虫の発育にとっての有効温量である。

それから二、三日間は五度以下の日がつづき、その後、六度の日が三日あったとしよう。この分は「六引く五」度掛ける三、つまり、一度×三日イコール三日度と積算される。前の二度×一イコール二日度と合わせると、この間の有効温量の「稼ぎ」は五日度となる。三月にもなって気温がずっと上り、九度、十度という日がつづくと、それぞれから五度を引いた四度、五度という有効温度がその日数分だけ積算されていって、有効温量の稼ぎはめきめきと増加していく。このようになると、人々の目には、「梅一輪、一輪ほどの暖かさ[2]」と映るのである。

発育限界温度以上の温度を毎日足し合わせていったこの有効積算温量の総額が一定値（たと

えば一八〇日度）を越えたら、卵から孵ったり、サナギからチョウになったりする。三寒四温の冬とはいえ、全体として季節が春に向かっていれば、温量の総和は次第に増えていって、結局のところ毎年ほぼ同じころには一定値に達する。そこで、ああ今年も春になった、と虫は思うのだ。

発育限界温度も有効積算温量の一定値も、生きものの種によってちがっている。それは長い歴史の間に、それぞれの種に固有に定まってきたものだ。

生きものの種がちがえば、春のくる日もちがうのである。

（二〇〇〇年 七〇歳）

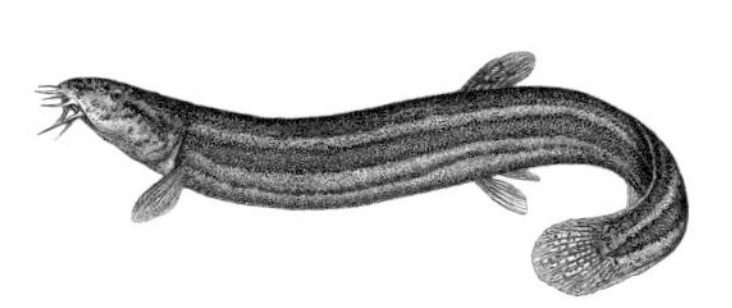

ドジョウは何を食べている？

ドジョウは子どものころからよく知っていた。ドジョウの柳川鍋(やながわなべ)は、今でもぼくの大好物。ドジョウすくいの歌と踊りも、大人たちからよく聞かされていた。

売られているドジョウは、まずすべてが養殖もので、「どじょう」と書かれた箱で送られてくる。養殖の餌も便利なものがあるらしい。けれど、小川で見かける野生ドジョウが何を食べているか、どうもわかっていないようだ。少なくとも、どの本にも書いてない。

あんなにいわくありげなヒゲなんか生やしているからには、何か特別のものを食べているにちがいない。それはなんだろう？　ぼくは前々から知りたかった。ちょうど水産大学を卒業した渡辺清子さんが、京大研修員として研究したいという。ぼくは彼女にこの話をもちかけた。彼女も「おもしろそう。やりましょう」という。こうして、ぼくらのドジョウすくいが始まった。

京都の町はずれの田んぼで、ドジョウをすくう。すくったらすぐ一匹ずつ、水とともに小さなガラスビンに入れる。やがて糞をするはずだから、それを待つわけだ。こうやって何を食べているかを調べるのは、この手の研究の常道である。ところが、ビンの底に見つかるのは、いつも少しばかりの細かい砂粒だけ。食べたもののかけらなど、まったく見当たらないのである。さっぱり、わけがわからなくなった。

しかたなく、飼っているドジョウを眺めていたら、餌として与えたイトミミズの塊の近くで、ときどきドジョウが、体をキュキュッとくねらすのに気がついた。これはなんだ?

キヨちゃん、つまり、渡辺さんは、とんでもない実験を思いついた。彼女はイトミミズをすりつぶして、ピンク色のどろりとした液体をつくった。この「ミミズ液」を、ドジョウのいる浅い容器のまん中にたらす。薄いピンク色が水中に広がり、ドジョウのいるあたりまでくると、ドジョウは急に動き出し、容器の中央の濃いミミズ液のところへと泳いでいく。そして、いきなり、体をキュキュッとくねらせたのである。

どうやらドジョウは、この体の動きとともにすばやくミミズ液を吸いこんでいるらしい。そこであらかじめ容器の中央に、細かい砂をまいてドジョウを入れ、そこへミミズ液をたらしてみた。しばらくたってからドジョウを捕まえて、水だけ入れた小さなガラスビンに移す。まもなくビンの底には、何十粒かの砂が排出されてきた。これがドジョウの糞なのだ。

つまり、ドジョウは、あのヒゲで水底に触りながら、あちらこちらと探ってまわる。そして、水底に埋もれて腐った虫やミミズ、草の葉などの有機物の匂いをヒゲがキャッチすると、とたんに水底の土砂ごと、その有機物を吸いこむのである。これが彼らの食べ方なのだ。食べものは水底で半ば腐ったというか、分解した有機物。いわゆる「デトリタス」というやつだ。もともと溶けたようなものだから、効率よく腸に吸収されて、かすなど残らない。だから糞は、そのときいっしょに吸いこまれた土砂の粒だけでしかない。

ドジョウを解剖してみると、腸はびっくりするほどまっすぐで、人間の腸のように曲がりくねってなどいない。だから土砂で糞づまりになることもない。

ドジョウのあのヒゲの役割も、腸がまっすぐなわけも、そして、ウンコなどせぬ理由も、これでわかったが、それにしてもドジョウがこんな奇妙な魚だとは思ってもいなかった。

（一九九八年 六八歳）

オタマジャクシの恐怖物質

オタマジャクシはカエルの子。

だれでも知っているとおりである。

けれどオタマジャクシはただ一般にカエルの子なのではない。トノサマガエルの子であるオタマジャクシもいるし、ヒキガエルの子であるオタマジャクシもいる。それによって一口にオタマジャクシといっても、姿、形も大きさも、生活のしかたもちがっている。

六月ごろ、池などに大群をなしているのは、ヒキガエルのオタマジャクシである。ヒキガエルのオタマジャクシが田んぼにいることはない。ヒキガエルが卵を産む二月から三月ごろ、水をはった田んぼはまだ存在していないからだ。

夏、田んぼにいるのは、トノサマガエルかダルマガエルのオタマジャクシである。こういうカエルは冬眠からさめると、田んぼのあたりにやってきて、田に水が入るのを待っている。田んぼにはアマガエルのオタマジャクシもいるが、これは体が緑色である。そして、これらのカエルのオタマジャクシは、けっして大きな群れにならない。

池で何万匹という群れをなして泳いでいるヒキガエルのオタマジャクシは、もちろんたくさんの親ガエルの子である。オタマジャクシには自分の兄弟姉妹、つまり血縁者を見分ける能力があるといわれるが、ヒキガエルのオタマジャクシにそんな能力はなさそうだ。

動物が群れをつくることには、利益もあるが損失もある。一匹だけでひっそり生きていれば、敵に見つかる危険も少なかろう。けれど、もし見つかったらそのときは必ず自分がねらわれている。反対に多数で群れていると、敵の目にはつきやすくなるが、自分がねらわれる率は下がる。仮に一〇匹の群れでいれば、自分がやられる率は一〇分の一になる。つまり、危険の可能性がいわば「薄まる」わけだ。これを群れの希釈(きしゃく)効果という。

その上、もっといいことがある。群れのだれかがあたりを見て、敵の存在に気づく確率が高くなる。つまり、群れでいると、一匹でいるときより、警戒能力が増すのである。

けれど多数で群れていると、敵もたくさんやってきて、片っ端から食っていくという危険もある。群れのだれかがやられたら、ほかの者はすばやく逃げてしまうことが必要だ。

ヒキガエルのオタマジャクシでは、驚くべきことが知られている。群れの中のある一匹が敵に襲われて傷つくと、その傷口からある特殊な物質が流れ出し、急速に水中に広がる。ほかの者たちは、その物質を敏感(びんかん)に感じとり、一瞬のうちに四散してしまうのである。

この物質は「恐怖物質」と呼ばれ、蜜蜂のダンス言語の発見などで有名なカール・フォン・フリッシュもかつてこれを研究していた。ぼくも東京農工大在職中、当時、学生の渡辺泰徳君といっしょに実験してみた。

浅い容器に水を入れ、ヒキガエルのオタマジャクシを二〇匹ほど泳がしておく。そして、その群れのまん中に、恐怖物質をほんのちょっとたらしてやる。つまり、かわいそうだが一匹のオタマジャクシをカミソリの刃で切り刻み、その皮膚の一切れを、群れのまん中に落としてやるのだ。オタマジャクシは瞬間的にパニックにおちいり、水中をダッシュして容器の外へ飛び出してしまう。

陸上へあがった子ガエルには、この物質はない。そして、トノサマガエルの子のように群れをつくらないオタマジャクシにも、恐怖物質はないのである。

（一九九九年 六九歳）

ミズスマシの水面生活

春がきたことを告げるものにはいろいろあるが、ミズスマシもその一つだった。

ふと目をやった池に、ミズスマシが水面でくるくると輪を描いている。思わず、ああ、今年も春になったなあと感じたりしたのは、もうずいぶん昔のことだったような気がする。このごろはミズスマシを見かけることが少なくなってしまったからである。

ミズスマシはアメンボと同じく、水面で生活する昆虫である。けれど、肢(あし)の先で水面に立っているアメンボとはちがって、ミズスマシはいわばボートである。平たい楕円形(だえんけい)の体全体で水に浮かび、短く平たい中肢と後肢をスクリューにして、長いオールのような前肢で走りまわる。

水生昆虫の一つに数えられているが、水中にもぐるのはびっくりしたときだけだ。

水中でも、空中でもなく、水と空の接する境界である水面を生活の場に選んだのは、どういうきっかけからだったかは知らないが、それにはそれなりの苦労がある。

まず、敵に上下から襲われる可能性がある。空中からの敵と水中からの敵である。それに備えるには、たえず上方と下方を見張っていなくてはならない。そこで、もともとは左右に一つずつある目が、それぞれ上下二つに分かれてしまった。だからミズスマシには、目が四つある。同じように水面で生活する中南米のヨツメウオという魚も、まったく同じ理由から目が四つある。

では、ミズスマシは、前方をどうやって見るのか？　それは波で見るのである。つまり、水面の波を触角でとらえ、前方の様子を知るのである。

ミズスマシが肢のオールで漕ぎながら水面を進んでいくと、水面に小さな波が立ち、それがまわりに広がっていく。そこで、たとえば右前方の水面に何かが浮いていると、波はそれに当たって反射し、こちらに戻ってくる。ミズスマシの触角は、それを敏感にキャッチする。そして、その方向に何かあることを知るのである。

空腹で餌を探しているミズスマシだったら、すぐオールの漕ぎ方を変えて、その物体のほうへ「走って」いく。そして、そのものにとりつき、それが食べられる餌であるかどうかを調べる。もし、水面に落ちて死んだ虫などであったら、さっそくそれを食べはじめる。

近くに別のミズスマシがいたら、もっと強い波がくる。水面を走りまわっているミズスマシは、自分で波を発しているからである。双方のミズスマシは大急ぎで互いに近寄り、接しあう。そして、匂いでそれが異性だとわかったら、すぐさま生殖行為に移る。

もし、相手が同性だったらどうするか？　同性同士は反発しあうから、互いに急いで遠ざかろうとする。けれど、遠ざかるときも波が立つ。その波にひかれてどちらも舞い戻ってきては、また離れていこうとする。これを何度か繰り返すと、やっと「この波は無意味な波だ」ということがわかるのか、どちらも相手の立てる波を無視して遠ざかっていく。

水面の波にひかれ、その波の源に近寄っていこうとするこの性質を「走波性」という。ミズスマシは四つ目と走波性とによって、自分のまわりを「見ている」動物なのである。

春先の池の水面で楽しそうに輪を描いているミズスマシも、ただ屈託（くったく）なしに遊んでいるのではない。われわれ人間とはまったくちがう世の中を見ながら、その中で一生懸命、生きているのだ。ミズスマシたちが、また、昔のように戻ってきてほしいものである。

（二〇〇〇年 七〇歳）

水面を走るアメンボ忍者

春から秋にかけて、ちょっとした池や小川の水面に目をやると、そこにアメンボの姿がある。アメンボはまさに忍者である。水面というおよそ頼りないものの上を生活の場にして、軽々と走りまわっている。

木の葉や花びら、小船やミズスマシが水面に浮かんでいるのは理解できる。水の浮力のおかげである。けれどアメンボは、細い肢の先で水面に立っている。アメンボは昆虫だから、肢は六本ある。その六本のうちの四本で、アメンボはらくらくと水に浮いているのだ。

昔、人間の忍者も水の上を走ったと言い伝えられている。そのときは特殊な下駄(げた)を履(は)いていたという。アメンボにも忍者の下駄があるのだろうか？

天気のよい日、浅い水に浮かんでいるアメンボをよく見ると、水底にアメンボの影が映っている。細長いアメンボの胴体の影だ。そして、そのまわりに、四本の肢の先とおぼしきあたりに大きな四つの丸い影。アメンボが水面を動くと、これらの影も動いていく。

胴体の影はよいとして、そのまわりの四つの丸い影はなんだろうか？　いくら目をこらして水面のアメンボを見つめても、アメンボの肢の先には何もついてはいない。けれど影はちゃんとある。何もないのに影ができるなんて、まるで怪談かミステリーだ。

この四つの丸い影は水面の影なのである。アメンボの四本の肢の先は、油気があるので、水の中にもぐってしまわず、水面を押しくぼませる。そこでぼくらの目には見えないけれど、水面が丸くくぼみ、そのくぼんだ水面の影が水底に映っているのだ。

このくぼんだ水面が、アメンボ忍者の下駄である。くぼんだ水面は、水の表面張力で平らな水面に戻ろうとする。その力がアメンボの肢先を押しあげる。前後四本の肢先がこうして押しあげられると、軽いアメンボは水面に浮かぶ。だからアメンボは、たった四本の肢先で水面に立っていられるのだ。残る二本は中肢である。この二本の肢の先は油気がなく、水に濡れる。アメンボはこの二本の肢先を水につっこみ、オールのようにして水を漕ぐ。そこでアメンボは、右にも左にも自由自在にすいすいと走ることができる。

いかに特別の下駄を履こうとも、水の表面張力で水に浮かぶには、人間の体は重すぎた。だから人間の忍者が、水面を走れたことはない。アメンボは肢の先と水面自体で下駄をつくり、今日もすいすいとなんの苦労もないような顔をして水面を走っている。

浮かぶ仕組みはかなり異なるとはいえ、同じように水面で生活しているミズスマシとアメンボにとって、水面の小さな波は大切な意味をもっている。

ミズスマシは、水面に浮いている死んだ小魚や虫を食物にしている。自分がパチャパチャと泳ぎまわるときに立てた波が、そういうものに当たり、反射して返ってくるのをミズスマシはキャッチして、そちらへ走っていく。

アメンボは、それほどはげしい波を立てない。そこで誤って水面に落ちてドタバタもがいているトンボのような虫が立てる波を手がかりにする。波を前肢の先でキャッチしたら、すぐさまそこへ駆けつけて、まだ生きている獲物に口吻を刺しこみ、体液を吸う。

異性に対しては、前肢で水をたたいて波の信号を送る。この信号にはちゃんとしたパターンがあり、それはアメンボの種類によってちがう。そして、オスとメスは、互いに前肢で波の信号を送りかわし、思いを遂げるのである。

（二〇〇〇年 七〇歳）

二重保証

昔にくらべたら自然は遠くなったとはいえ、さすが夏になると家の中にいろいろな虫が飛びこんでくる。

昼間、窓をあけ放っている間に、いつのまにか蝶やハエや小さなハチや、すぐには名前のわからない虫が入ってきている。家に入ってくるわけは、それぞれにさまざまであろうが、何かを求めてあちこち飛びまわっているうちに、知らず知らず家の中に入ってきてしまったというのが、たいていの場合のように思われる。

あえていうまでもないことだが、虫たちは絶えず何かを探している。どこかに自分が食べる食物はないかと探していることが多かろうが、彼らが求めているのは食べものばかりではない。たとえばたいていの虫たちのオスは、それこそ必死の思いで異性すなわちメスを探している。

オスであるからには、何とかしてメスをみつけ、自分の子孫を産んでもらわねばならないからである。

その一方でメスたちは、オス探しはしないけれど、卵を産むべき場所を探している。それはそれぞれの虫によってきまっている。その場所がどこにあるか、彼女たちは知るはずがない。あてどもなく、あちらこちらと飛んでまわりながら、しかるべきものをみつけ出す他はない。

もちろん食べものはメスにとってもオスにとっても無くてはならないものである。けれど何を食べるかは虫によってちがうし、オスとメスとでちがうことだって多い。

とにかく昆虫たちの生きかたはじつにさまざまである。それに応じて、いろいろな虫がいろいろなものを探している。そういう虫たちが、あるときたまたま家の中に飛びこんでくるというわけだ。

そうやって昼の間に入ってきた虫たちのことなど考えることもなく、ぼくらは夜、窓をしめて寝てしまう。そして翌朝、何とかして窓から外へ出ようとしている虫たちを発見するのである。

虫たちは外から射しこむ光に魅せられて、窓ガラスの上で焦っている。けれどその虫たちを外へ出してやるのは容易ではない。虫たちにはひたすら太陽の光に向かって飛ぼうとする「走光性」という性質がそなわっているからである。

あの『昆虫記』で有名なファーブルが「本能の知恵」と言い、その一方で「本能の愚かさ」と言ったのも、虫たちのこのような行動であった。

虫たちはとにかく光の方へ向かって進もうとする。たとえ窓が少し開いていても、いったん戻ってそのすき間から外へ出ようということなど、彼らは思いつきもしない。ただただまっすぐ光の方へ向かおうと、ガラスの上でもがき、外に向かって突進するばかりなのだ。

焦っている虫がたまたまガラスのへりまでくることもある。「ほら、もう少しだ。もうちょっと左へ行けば、窓は開いているよ」虫にこう言ってやっても、それは何の効果もない。なぜならそこには窓の枠があって、それが光を遮っているからだ。やっと窓枠までたどりついた虫は、また元のガラスの明るさを求めてあと戻りし、再びガラスに突き進むのである。

この「本能の愚かさ」と「悲しさ」を見るたびに、いつも思い出すことがある。それはかつてある本で読んだボウフラの「二重保証」の話である。

今ではもうボウフラを見ることも少なくなったが、ボウフラとはあの蚊の幼虫である。昔は庭の隅のちょっとした壺(つぼ)などに溜まった水の中にはたくさんいて、しっぽの先で水面にぶら下がったり、体を振って水中をぴんぴんと泳いだりしていたものだ。

そのような壺のふちを木の棒切れなどでポンとたたくと、水の振動に驚いたボウフラは一斉に体を振りながら、あっというまに壺の底へ潜ってしまう。そしてしばらくすると、息をするために次々に水面へ昇ってくる。そこでまた壺をたたくと、ボウフラはまた一斉に底へ潜る。それはじつにみごとな動きだった。

ぼくが読んだ本に書いてあったのは、この動きがじつは「二重保証」によるものだということであった。

水の振動に驚いたボウフラには、その瞬間にマイナスの走光性とプラスの走地性(そうちせい)が現れるようになっているというのである。

マイナスの走光性とは、ガラス窓の虫たちとは逆に、光から遠ざかろうとする動きである。

プラスの走地性とは地球の重力の方向に、つまり大げさに言えば地球の中心に向かって行こうとする動きである。

昼間、ボウフラたちの上からは太陽の光が照っている。振動に驚いたボウフラたちは、マイナスの走光性によって、一斉に太陽の光とは反対に、水の底へ向かおうとする。それと同時に、ボウフラには地球の中心へ向かおうとするプラスの走地性の動きも出る。これもまた彼らを水底へ向かわせる。だからボウフラたちはあんなにみごとに、一瞬にして底へ潜るのだ。

夜は太陽の光はない。けれどプラスの走地性のおかげで、ボウフラたちはさっと水底へ潜る。この「二重保証」によって彼らは昼も夜も瞬時にして危険を逃れることができるのだ。

だが、二重保証はときにはとんでもない効果も産む。

透明なガラスの容器に水を満たし、その中にボウフラを入れる。そしてその容器を四本足のついた台に載せ、部屋の電灯を消して暗くし、容器の下から強いランプで照らしておく。

そこでガラス容器のふちを棒切れでたたく。するとボウフラたちは完全な混乱に陥ってしまうのだ。必死になって体を振っているが、どうしても底へ潜れない。ただもがいているばかりである。

それもそのはずだ。振動に驚いたボウフラには、二重保証のおかげでマイナスの走光性とプラスの走地性が同時に現れる。今、光は水の底のほうから射しているから、マイナスの走光性によれば、ボウフラは底にではなく水面に向かって動くべきなのだ。けれどプラスの走地性によれば、ボウフラは水底に向かわねばならぬ。だからボウフラたちはどうしようもなく、上か下かと戸惑うだけなのである。

ボウフラをこの混乱から救うには、下からのランプを消してやる他なかった。二重保証というものの思わぬ落し穴を見た思いだった。


（二〇〇五年　七五歳）

カタツムリの奇妙な生活

夏、雨の降った日には、どこからともなくカタツムリが出てきて、角を動かしながら草木の上をゆっくり歩いている。ふと道端の石塀（いしべい）を見ると、あちこちにナメクジがいる。街の中でもこんな光景にときどき出くわす。

いうまでもなくカタツムリは巻貝である。ナメクジもじつは巻貝なのだ。カタツムリと同じ陸上に住み、水中に住む巻貝たちの鰓（えら）のかわりに肺をもち、空気を呼吸している。だから有肺（ゆうはい）類（るい）とも呼ばれる。でも、もともとは水中にいたことの名残だろうか、今でも雨降りの日にしか出てこない。カンカン照りのときは、殻（から）の中に身を隠し、殻の口に膜を張り、じっとどこかに潜んでいる。殻のないナメクジは、石の下とか、少しでも湿り気の多いところにもぐりこんでいる。

ハマグリ、アサリ、シジミのような二枚貝も、カタツムリと同じく貝である。つまり、同じ軟体動物の仲間だ。二枚貝は入水管と呼ばれる管を体の外に突き出し、それで水をどんどん吸いこみ、もう一本の管である出水管から吐き出す。その水は体の中を流れるとき、鰓の上を通る。そのとき、貝は水の中の酸素を取りこむ。水はさらに流れ、口のところを通る。そのとき貝は水中のプランクトンとか有機物のかけらを口の中に取りこんで食べる。だから二枚貝は水中にしか住めないのだ。

巻貝は大きく開く口をもち、この口にはネコの舌のようにざらざらした歯舌（しぜつ）という歯がある。この歯舌でたとえば海藻をごしごし舐（な）め、表面をかきとって食べる。カタツムリやナメクジは遠い昔に陸上にあがり、海藻ではなく、陸上の植物を舐めることになったのだ。

カタツムリもナメクジも、雌雄同体である。つまり、同じ一つの体の中に卵巣と精巣をもち、卵と精子をつくっている。それならいわゆる自家受精をして、一人でどんどん子どもを産んでいくかというと、そうではない。必ず二匹が出会ってセックスをしなくては子どもはできないのだ。男と女が別になっている人間の場合と変わらない。

カタツムリのセックスはたいへんである。とにかくお互いが男であり、女であるわけだから、一匹の中の男と女が両方ともその気にならなければならない。そのためだろうか、出会った二匹は角で撫(な)であい、体を触れてくねらし、頭瘤(とうりゅう)という頭のこぶをふくらませてこすりあうなど、何時間もかけて口説(くど)きあう。ときには半日も一日もかけてやっと機が熟すると、お互いに長いペニスを伸ばし、それを相手のメスの部分に挿入する。そしてまた長い時間をかけて精子を出す。

かつて京都大学時代、タイ国チュラロンコン大学のソムサク君が、日立国際奨学財団の第一期生としてぼくの研究室にきた。タイのカタツムリの養殖法を研究したいという。ソムサク君はタイと日本の許可を得て殻の直径が五センチにもなるこの大型カタツムリを京大で飼育しようとした。ところが、何をやっても食べようとしないのだ。キャベツもだめ、レタスもだめ、枯れ葉もだめ。困り果てたソムサク君はままよとばかり、エノキダケを与えた。カタツムリはそれをむさぼるように食べた。生シイタケも好物だった。

ぼくらはタイの山中に赴(おもむ)いた。生まれ故郷のタイの林で、このカタツムリは雨季に生えてきた大きなキノコに、ぴったりとりついて食べていた。こうして、このカタツムリの生活も生物学もわかり、ソムサク君は理学博士として母国へ帰った。

（一九九九年 六九歳）

セミは誰がつくったか

夏はセミの季節である。今年の夏は暑いの寒いのといっているうちに、セミはちゃんとでてきて、それぞれの声で鳴き始める。

じつは春にも鳴くセミがいるのだが、ハルゼミと呼ばれるこの仲間のセミには、たいていの人が気がつかない。「しづかさや岩にしみいるせみの声」と松尾芭蕉がうたったのは、夏のセミであった。

しかしよく考えてみると、セミもまたふしぎな存在である。あんな小さな体なのに、あんなに大きな声で鳴く。あのすさまじい音は、いったいどうやって出るのだろう？

夏になると大学はオープン・キャンパスの季節である。それぞれの大学がキャンパスを開放し、工夫をこらして大学の内容や雰囲気を広く受験生に紹介するのだ。

われわれの大学（滋賀県立大学）も毎年七月末にオープン・キャンパスをやるのだが、どういういきさつからか、そこでは学長講義というものが恒例になっている。環境科学、工学、人間文化学という三つの学部に関わるような話をせねばならない。さて、何を話そうか？ それを考えるのは、大変だけれど楽しいことでもある。結局のところ、今年はやはりセミの話をすることにした。

セミのあの声を出すのは、一口でいえばセミの発音器である。

セミ以外にも発音器をもっている虫がいる。秋の「鳴く虫」たちがそうである。この虫たちはセミとはまったくちがうキリギリスやコオロギの仲間で、その発音器は「摩擦器（まさつき）」と呼ばれるタイプである。つまり、翅と翅を擦（す）りあわせて出る音を、翅全体に共鳴させて大きな音にするもので、人間の楽器でいえば、バイオリンのような弦楽器にあたる。人間が弦楽器を発明するはるか以前から、虫たちはすばらしい弦楽器をもっていたのである。

けれど、セミの発音器はまったくちがう。セミの発音器は、いうなればドラムのような打楽器なのである。

打楽器なのになぜあんな連続音が出るのか？　それはセミの発音器がじつに精巧にできた打楽器だからである。

セミの発音器は発音板と発音筋から成っている。発音板はセミの腹のつけ根の背中側に左右一枚ずつあり、外から見ると大きなウロコのようなものが下に隠れている。発音板には発音筋の先端がくっついていて、発音筋が伸縮すると、発音板が振動する。

人間の打楽器の典型は太鼓だろうが、太鼓の発音板はその皮で、それをバチで叩いて振動させると音がでる。しかしセミの太鼓はそんな乱暴なことはしない。太鼓の中に発音筋があって、その下端は太鼓の底、つまりセミの腹側にしっかり固定されており、上の端が細くとがったようになって発音板にくっついている。発音筋が収縮すると、発音板は下にひっぱられ、収縮が止むと元に戻る。こうして発音筋の伸縮によって、発音板が振動する。その結果、太鼓のときと同じように音が出るのである。

人間がバチで太鼓の皮を叩くのとちがって、セミの発音筋はものすごい頻度で伸縮する。それに伴なって、発音板もぶーんと連続的に振動する。だから、原則からいえば打楽器なのに、セミの声は連続音になるのだ。

発音筋の収縮は、もちろん神経の指令によっておこる。けれど一回の指令で一回の収縮がおこるのではなく、一度指令があると、あとはいわゆる自励(じれい)振動のように、ほとんど自動的に筋肉の収縮が始まってしまうらしいのだ。だから、セミの発音器は筋肉の力によるとはいいながら、むしろ電気的な振動に近い形でぶーんと音を出すのである。

この音自体はそれほど大きなものではない。しかしセミは、それを腹全体に共鳴させる。ヒグラシのオスのほとんど透明にみえる腹部から想像できるとおり、セミの腹はすばらしい共鳴・拡声装置なのだ。

この精巧にできた発音器は、進化がつくったものである。セミと同じ原理で音を出しながら、セミほど大きな声では鳴かない虫もいる。進化は一気にセミをつくったのではないらしい。

ところでアメリカには有名な十七年ゼミというのがいる。十七年に一回しか親のセミが現われないという変わったセミである。しかし、十七年目ごとに、ものすごい数の親ゼミが一挙に現われるので、その鳴き声はすさまじく、鳥たちもセミのいる木を避けるという。

アメリカにはもう一つ、十三年ゼミというのもいる。これはその名のとおり、十三年目ごとに現われる。けれど、十二年ゼミとか十六年ゼミとかいうのはいない。なぜか?

生態学者はいろいろな説を出した。いちばんおもしろいのは素数説である。

十三とか十七というのはいわゆる素数で、一とその数以外では割りきれない。セミの親にもいろいろな病原体や寄生虫がつく。そういう寄生虫は、親ゼミにとりつくのに、十三年とか十七年待たねばならない。寄生虫にしてみたらそれは大変なことである。しかし、かりに十二年ゼミだったら、二年目、三年目、四年目、六年目ごとに出る寄生虫も、どこかで親ゼミにとりつける。だからセミにしてみれば、どうせ幼虫の発育に長くかかるのなら(日本のセミでも数年かかるといわれている)、いっそ十三年とか十七年にしたほうが得になるのだ、というのである。こういう意味でも、セミをつくりだしたのは環境であるといえそうだ。

アメリカには他にもいろいろなセミがいる。ヨーロッパにも、アフリカにも、セミは世界じゅうにたくさんの種類がいる。けれど外国の映画やテレビのシーンにセミの声が聞こえることもないようだし、セミをうたった詩人もほとんどいない。

日本ではまるでその反対である。人々の思いを誘う場面のヒグラシの声。けだるい夏の農村の気分をかきたてるアブラゼミの合唱。終わりに近づいた夏の淋しさの中で愛も終わる二人を象徴するように鳴くツクツクボウシ。日本にはセミがいる！　俳句にはほとんどなじみのないぼくでも、「岩にしみいるせみの声」という句は、幼いころから心に沁みこんでいるらしい。

セミは自然がつくったものである。あのすばらしいセミの声も、自然の工学の産物である。けれど日本人の心の中にあるセミは、どう考えてみても、人間がつくったものである。セミは自然のものだけれど、人間の文化でもあるのだ。

（一九九八年　六八歳）

ヘビは自然の偉大なる発明

正直いって、ヘビは嫌われものである。近ごろのペット・ブームで、ヘビやトカゲをかわいがっている人たちを別にすれば、ヘビが好きだという人はまずいないだろう。

ヘビは姿も動きも不気味である。おもしろいことに、人間だけでなく、鳥もヘビは嫌いである。卵やひなを食べられてしまうからだろう。けれど一部の毒ヘビを除けば、ヘビは人間になんの危害も与えない。むしろネズミを捕らえてくれたりして、人間を助けてくれる。それなのにヘビが不気味に思えるのは、ヘビがわれわれとはまったくちがった生き方をしている動物だからだ。

ヘビには、手も足もない。それなのにあの細長い体でするすると滑るように歩く。あれは腹のうろこを立てたり伏せたりして動くのだと本には書いてあるが、どうも実感としては納得がいかない。そもそも手足というか、四肢をつくり、それを発達させて自由に走りまわろうというのが、動物の進化の大きな流れであった。魚、両生類、そして爬虫類と、脊椎動物はこの流れに沿って、何億年もかけて進化の道を歩んできた。その途上で、ワニとかトカゲとか、立派な四肢をもった動物たちの子孫として現れたヘビは、一気にその足を捨ててしまったのである。

これは大英断だった。けれど足なしでも自由に動きまわるために、ヘビは体を細長くした。それはたいへんなことだった。肺とか卵巣とかいう、左右で対になった内臓は、左側のをなくしてしまった。しかし、これはヘビ独自の発明というわけではなく、構造上のやむをえない要請だったらしい。ヘビではなくトカゲの仲間なのに、やはり四肢を捨ててしまったミミズトカゲでは、左ではなく、右側の肺がなくなっている。

体を細長くした以上は、頭も細くなければ釣り合いがとれない。頭が細くなれば口も小さくなる。けれどヘビは、ネズミとかカエルとか鳥のひなとか、卵とか、栄養効率の高い大きな獲物を食べようとした。それにはまた、独特の工夫が必要であった。それは「あごはずし」だった。ヘビのあごは、すぐはずれるとよくいわれる。これはちがう。ヘビだって、あごがはずれたら困る。人間でいえば、こめかみにあたるところの骨のちょっと変わった構造によって、ヘビのあごは二段階で大きく開く仕掛けになっているだけである。

ヘビはするすると滑るように動くけれど、その速さは獲物の速さにはおよばない。目で獲物を見つけて追いかけるのは不可能だ。そこでヘビは目に頼るのはやめた。そのかわりは、匂いと熱である。ヘビはたえず長い舌をペロペロと伸ばし、空気中の匂いを舌の先に吸いつけて、それを口の中の特殊な感覚器でチェックしながら歩いていく。首を左右に振れば、左右の匂いの微妙なちがいもわかる。多くの毒ヘビは、熱をキャッチする独自の感覚器をもっている。これはピット器官というあごの先の小さな孔で、これらはヘビの「発明」である。彼らはこれで獲物の体温をキャッチし、音もなく近づいていって、毒牙の一撃を加える。

どれもこれも、われわれのやっていないことばかりである。目でわれわれに何かを語りかけることもなく、するすると草むらに滑りこんでいく。それはわれわれの想像を絶した姿であり、だからこそ不気味さを感じるのだ。しかし、よく考えてみれば、ヘビとは自然の偉大なる発明なのではあるまいか。

（一九九八年 六八歳）

トンボとヤゴの驚くべき仕組み

ヘビの偉大な発明については、すでに書いたが、トンボもまた自然のすばらしい発明だ。

まず、トンボは典型的なヘリコプターである。少し遠くを飛んでいるヘリコプターを見ていると、トンボにじつはよく似ていることに気がつく。細長い胴、その背中で回転する翼、見れば見るほどトンボにそっくりだ。ヘリコプターの設計者が、トンボの姿をまねしたわけではもちろんない。けれど、トンボがヘリコプターのまねをするなんてこともありえない。

トンボが地球上に現れたのは、今から一億年以上前のことである。そのころには、もちろん人間はいなかったし、ヘリコプターだって存在しなかった。ヘリコプターができたのは、今からせいぜい一〇〇年前のことだ。

ジェット機にせよ、プロペラ機にせよ、ふつうの飛行機は固定翼、つまり、動かない翼で飛ぶ。エンジンで推進力を出し、固定翼で浮かぶのである。それに対してヘリコプターは、翼を回転させて推進力と浮力を同時に出す。トンボは大昔にこの方式を発見し、体をそのようにつくりあげたのだ。一億年もおくれてこの方式を発見した人間が、懸命になってヘリコプターをつくっていたら、トンボとそっくりになってしまった。

けれど、トンボは幼虫のときは、ジェット機なのである。

だれでも知っているとおり、トンボの幼虫は水中に住み、ヤゴと呼ばれている。ヤゴは直腸に水を吸いこみ、それを一気に後方へ噴出させて、その反動で前方へ〝飛ぶ〟。じつにみごとなものである。ジェット機のような騒音もたてず、静かながら、的確に、すいすいと水中を飛ぶ。ヤゴは、小さな魚とか、オタマジャクシとか水中の動く生きものを見つけると、いきなりあごを突き出し、それを捕らえて食べてしまう。

トンボは親も子も、すさまじい猛獣なのだ。それも群れをなして獲物を襲うハイエナとか、えんえんと追いかけて捕らえるチータなどとはちがって、一発で瞬時にして獲物を捕らえる、じつに洗練された狩人である。似ているものといったら、ネコかカマキリをあげればいいだろうか。

ヤゴの必殺の仕掛けは、そのあごにある。折りたたみ式のあごが、瞬間的に獲物に向かって突き出され、ぱっと開いて瞬間的に閉じる。そのときあごは、しっかり獲物をはさんでいる。この動きは一〇〇〇分の何秒という、まさに一瞬のうちに起こる。特別なハイスピード用システムを使わなければ、その映像を撮ることはできない。

ヤゴは目の前で動く獲物を見つけると、しばらくのあいだ、両眼で凝視している。そのときヤゴの脳のコンピューターは、獲物までの距離、方向、その動きを、精密にはかっている。そして、獲物があごのリーチ（届く距離）にきた瞬間、必殺のあごが突き出される。

こんなに精密な仕組みを、ほかの昆虫はもっていない。ヤゴはこれを一億年近くの昔に発明していた。

親のトンボもユニークな昆虫である。ヘリコプターであることは、ほかの昆虫と変わらないが、トンボの翅は四枚を全部別々に動かすことができるのだ。トンボは独立して羽ばたく四枚の翅で翅の角度を変えたりできるので、翼が回転するだけのヘリコプターである一般の昆虫よりも、もっとデリケートな飛行を楽しんでいる。

（一九九八年　六八歳）

わかってもらえない話

世の中には、いくら説明してもわかってもらえないことがたくさんある。政治の話はべつとして、宇宙の話とか遺伝子の話になると、わかってもらえないどころか、ぼく自身で感覚的にわかったという気分になれないことが多いのである。

ぼくが京都市青少年科学センターというところで、小・中学生のために始めた講演の第一回目として近々することになっている話もその一つだ。

それは宇宙やら遺伝子やらといった高尚なことではなくて、昆虫がどうやって飛んでいるかという、一見他愛もないことについての話である。

だれもが見るともなく見ているとおり、昆虫たちははねを羽ばたいて飛んでいる。鳥も翼を羽ばたいて飛んでいる。

だから鳥も昆虫も同じなんだ、とだれもが思っている。

昔の偉人、レオナルド・ダ・ヴィンチもそう思っていた。そこで彼は、人間の腕に翼をとりつけ、腕でそれを羽ばたけば、人間も鳥のように空を飛べるだろうと考えた。

この羽ばたき飛行機は失敗した。失敗の理由はいろいろあったが、いちばん大きなのは人間の腕で出せるぐらいの力では、風に乗って滑空(かっくう)するならともかく、とても地上から飛び上がることなどできないからであった。

その後人間は、羽ばたきとはまったくちがう原理で飛べることを発見し、飛行機を作ったのである。

けれど現在なお、鳥も昆虫もはね（翼）を羽ばたいて空中を飛んでいる。彼らの飛行の力学を理解するにはむずかしい数学が必要なので、ぼくにも依然としてよくわからない。

ぼくが青少年科学センターで子どもたちに話そうと思っているのは、そんなむずかしい話ではない。鳥や昆虫がどうやってはね（翼）を羽ばたいているかということである。

だれでも知っているとおり、鳥の翼はもともとは人間の腕と同じものである。だから鳥たちは、基本的にはわれわれ人間が水中で泳ぐとき腕で水をかくのと同じようにして翼を動かし、空中を飛んでいる。鳥の翼の根もとには、人間の腕の根もとにあるのと同じ筋肉がついており、その筋肉の力で翼が羽ばたくのだ。

水泳競技の種目にバタフライというのがある。体を半ば水面から乗りだし、腕をバタフライつまり蝶のはねが打つのと同じように力強く打って泳ぐ泳法である。ものすごい筋力が必要だ。バタフライが得意な選手に限らず、水泳選手の腕は太い。腕を動かすための筋肉が逞しく発達しているからである。

自分の体を空中に浮かべて空を飛ぶ鳥たちの場合はもっと大変だ。鳥の翼の根もとから胸にかけては、人間の腕のとは比べものにならぬ大きな筋肉がついている。肉屋で「ササミ」と呼ばれる筋肉だ。

ところが昆虫ではまったくちがうのである。

昆虫たちもはねを羽ばたいて飛んでいる。けれど彼らのはねの根もとには、はねを動かす筋肉などまったくついていない。

では、はねはどうして羽ばたくのか？　そこがじつに不可思議なところなのである。

昆虫の体はきわめて大ざっぱにいうと、ボール紙でできた菓子箱のようになっている。つまり、腹側にあたる内箱と、それに上からかぶさる外箱とである。実際の昆虫の体では、内箱にあたるものを腹板といい、外箱にあたるものを背板という。もちろん腹板も背板も、ボール紙ではなく、硬いタンパク質でできている。カブトムシなどのような甲虫では、背板も腹板も厚くて固く、体が箱のようになっていることがわかる。

ふつうの昆虫では、腹板も背板もそれほど固くはないが、体が腹側の腹板と、背側の背板とから成っていて、腸や筋肉や脂肪体や卵巣などがこの箱の内部に収められていることは同じである。

腹板と背板は菓子箱でいえば内箱（身）と外箱（ふた）にあたるから、外箱をもって持ち上げればふたはとれ、上から外箱をかぶせて下に押せば、箱は閉まる。外箱を手にもって軽く上下すれば、箱は開きかけたり閉まりかけたりする。

昆虫の羽ばたきの原動力は、背板と腹板のこのような動きにある。けれど単なる菓子箱ではない昆虫の体は、もっと複雑にできている。

この腹板と背板は、じつは側板と呼ばれるもう一枚のうすい皮でつながっているのだ。だから昆虫の体の背板をもち上げて箱を開けたりすることはできない。

ところで、昆虫のはねというのはこの側板の胸にある部分が、側方へ平たく張りだしたものである。この張りだしは薄い膜ながら翅脈（しみゃく）という支柱なども入っていて丈夫なので、背板の下端と腹板の上端を支点として、背板の上がり下がりにしたがって、上下に動くことになる。

問題は背板をどのようにして上げ下げするかである。筋肉はここで働くのだ。

昆虫の背板と腹板の間には、太い筋肉が張っている。筋肉のてっぺんは背板内側の天井に、そして筋肉の下端は腹板の内側の底に、それぞれしっかりくっついている。

この筋肉が神経の指令で収縮すると、背板はぐっと下に引き下げられる。すると体の上箱のふちが下がるので、はねは下に向かって打ちおろされてしまう。

次に筋肉が伸びると、上箱つまり背板はもち上げられ、それによってはねは上向きに打ち上げられる。こうして筋肉の伸縮に伴って、はねはゆっくりと、あるいはものすごい頻度で羽ばたくことになるのである。

昆虫はこのようにして、はねの筋肉ではなく、胸の箱をぺこぺこ動かす筋肉によって見事にはねを羽ばたかせているのだ。

じつは昆虫のはねにも小さな筋肉がついている。けれどそれははねを羽ばたくためのものではなく、はねの角度を変えるためのものである。この筋肉のおかげで昆虫は羽ばたきの角度を変え、ヘリコプターと同じ原理で飛ぶことができるようになった。

鳥とはちがう原理ではねを羽ばたかせ、空中に飛び出した昆虫たちは、人間よりはるか昔、おそらくは何億年も前に、空中に停止して飛ぶことのできるヘリコプターを発明していたのである。

さて、この拙(つたな)い説明で昆虫がなぜ空を飛べるかがわかっていただけたであろうか？

（二〇〇一年七一歳）

ボディーガードを呼ぶ植物

このところ、ぼくらの学界でおもしろいことが話題になっている。それは、ボディーガードを呼び寄せる植物の話である。

ダニというと、イヌやウシにつく大きな丸いダニや、いわゆるハウスダストにまじっている小さなダニのことを思いだすだろうが、じつは植物の葉につくダニもたくさんいるのである。

ハダニと総称されるこのダニたちは、体長が一ミリメートルの半分か三分の一。ごく小さなダニである。彼らはいろいろな植物の葉裏をすばしこく走りまわり、口吻をつっこんで葉の汁を吸う。ハダニがたくさんつくと、葉はちぢれて、枯れてしまう。するとダニたちは、まだ元気な葉にどんどん移っては葉を枯らしていく。ハダニの繁殖は早いので、そのままだと、早晩その植物の葉はほとんどすべて枯れてしまい、植物は危機に陥(おちい)ることになる。

ところが、十年ほど前、オランダの研究者たちによって、そのような状況に立ち至った植物はボディーガードを呼び寄せ、それにハダニを退治してもらって危機を逃れるということが明らかになった。

このボディーガードとはチリカブリダニとよばれる肉食性のダニである。チリカブリダニにもたくさん種類があるが、いずれもハダニと同じ程度の大きさのダニで、やはり植物の葉裏を走りまわっている。ただしチリカブリダニたちは、葉の汁を吸ったりしない。彼らの食べものは、同じくダニの仲間であるハダニたちである。彼らはハダニをみつけて襲い、つかまえてその体に口吻を突きさし、体液を吸いとって殺してしまう。チリカブリダニの大群に襲われたら、ハダニはひとたまりもない。たちまちにしてやられてしまう。

一方、チリカブリダニのほうは、餌であるハダニはいないかと、植物の葉っぱから葉っぱへ走りまわる。ハダニの群をみつけたら、そこで次々にハダニを食べはじめる。こうして、ハダニのたくさんついた葉には、まもなくチリカブリダニが次々にやってきて、ハダニをやっつけはじめる。

このことはかなり昔からわかっていて、農林業にとって、ハダニは悪いダニ、チリカブリダニはその天敵である良いダニ、ということになっていた。そして、チリカブリダニは自分たちの獲物であるハダニにひきつけられ、ハダニのたくさんいるところに集まってくるのだ、と考えられていた。

ところが、この研究者たちは、ハダニにとりつかれた植物が、SOS信号を発して、チリカブリダニを呼ぶのだ、というのである。

ハダニにとりつかれて弱った葉は、ある物質を作りだす。その物質の匂いがチリカブリダニをひきつける。その結果、ハダニにひどくやられた植物には、たくさんのチリカブリダニがかけつけてくる。チリカブリダニたちは獲物にありつき、結果的にその植物は救われる。自分が呼び寄せたボディーガードつまりチリカブリダニがハダニをやっつけてくれるからだ。

この研究者たちは、ハダニのたくさんついた植物が、ハダニのついていない植物からは見つからない数種類の物質を作りはじめることを確認した。これらの物質が、植物のSOS信号なのである。この信号を受けとったチリカブリダニたちが、SOSを発している植物にかけつけてくるのだろう。

「ボディーガードを呼ぶ植物」というこの研究は、たちまちにして有名になり、人々の関心をひくようになった。ぼくもこれにはびっくりした。植物もなかなかやるではないか！

ボディーガードを呼び寄せるSOS信号は、要するに植物の悲鳴である。ハダニにたくさんたかられた植物は、これはかなわないと悲鳴をあげるのだ。

ただし、植物の悲鳴は声ではなくて物質である。この数種の物質を化学的に作って、植物が出しているような割合で混ぜあわせ、ハダニなどついていない葉にそれをぬっておくと、まもなくチリカブリダニたちがかけつけてくることも証明されている。

この話はさらに広がった。ある植物がこの物質を出していることを、近くに生えている別の植物も知っている。つまりハダニにたかられた植物の悲鳴を、近くの植物が「立ち聞き」する、というのである。そしてまもなく自分にも移ってくるであろうハダニたちから自分の身を守るために、自分も悲鳴をあげて、あらかじめボディーガードのチリカブリダニを呼んでおくのではないか。これも実験によって証明されている。

オランダ留学中、この研究グループの主要メンバーだった京都大学農学部の高林純示助教授は、この話に一つの疑問を感じた。つまり、これはたしかに植物にとっては大変うまくできた話である。しかし、ハダニにとってはどうなのか。植物の悲鳴がハダニたちの恐ろしい天敵であるチリカブリダニを呼び寄せてしまうのは、ハダニにとってはきわめて都合の悪いことではないか。

ハダニにしてみれば、何とかして植物に悲鳴をあげさせないようにするべきだろう。けれど、ハダニはそうはしていない。むざむざ自分たちの損になるような事態に、手をこまねいているのだろうか？

高林助教授たちは考えた。もしかしたら、ハダニたちも「立ち聞き」をしているのかもしれない、と。

ハダニたちが殖えていくと、植物の葉は枯れはじめ、食物源としては劣化していく。そうなったら彼らは、他の、まだ元気な植物に移っていかねばならない。そのとき、もうすでに他のハダニたちにやられて枯れはじめている植物に移っても意味がない。他のハダニがとりついていない、とりついていてもまだ数がそれほどたくさんにはなっていない植物をみつけねばならない。

そのとき、植物があげる悲鳴はとても助けになる。悲鳴をあげている植物は避けて、そうではない植物に移っていけば、簡単に目的を達することができるからだ。

もしそうなら、植物の「悲鳴物質」は、チリカブリダニをひきつけるのとは反対に、ハダニたちには嫌われるはずだ。

高林研究室は早速その実験をしてみた。三月末の学会の発表によると、ハダニたちは悲鳴物質を嫌いもせず、といってそれにひきつけられることもなかった。生きものたちの世界はもっと複雑にできているらしい。

（一九九六年 六六歳）

秋の落葉とカブトムシ

温暖化だ、温暖化だといいながら、今年（二〇〇三年）の初冬は全国的にめっきり寒くなった。関東にはかなり記録的な雪が降った。

京都・洛北（らくほく）は町の中心部より三度は寒いと言われているけれど、まだ雪は降っていない。だが、たちまちのうちに落葉の季節にはなった。

落葉の季節には、それなりにいろいろなことを考える。

道にはらはらと落ちている木の葉を見ると、何と思い思いの形をしていることか。

要するに木の葉なんて、ちゃんと太陽の光を受けて光合成をしていればいいはずのものだ。それが何でこんなにさまざまな形をしているの？　思わずそう訊（たず）ねたくなってしまう。

そういう思い思いの形の落葉が、それぞれの色どりで散らばっている。そしてシャンソンの

「枯葉」にあるとおり、北風がそれらをどこかへ運んでゆく。

詩の世界はたぶんここで終わる。けれど、現実の世界はここでは終わらない。

北風に運ばれた落葉は、林の中のどこかに落ち、そこの窪(くぼ)みにたまっていく。それはまったくの偶然によることである。

たまった落葉は自らの意図とは関わりなく積み重なっていき、自然に発酵(はっこう)しはじめる。それはそのあたりに落ちた発酵菌のゆえである。

発酵菌には何も大それた目的はない。ただこの落葉で自分たちが殖えたいと願っているだけである。

その願いにしたがって、積もった落葉はゆっくりと発酵をはじめる。そして徐々にいわゆる腐葉土になってゆく。ところが、こういう発酵している落葉にひかれる虫がいるのである。

昔から人間の子どもたち、とくになぜだか知らないが男の子たちの憧(あこが)れの的であるカブトムシもその一つだ。

あの立派な角をもったカブトムシは、幼虫が林の中のそういった発酵落葉を食べて育つ。カブトムシのオスのあの立派な角は、オスどうしが闘って勝敗を決めるためのものである。オスどうしは角で競い合い、勝ったほうがメスを手に入れて自分の子孫を残すのだ。

こういう闘いは、餌場でおこる。カブトムシの餌はよく知られているとおりクヌギやコナラなどの木の樹液である。こういう木の幹には、ボクトウガというガが卵を産み、卵から孵った幼虫は樹皮をかじって穴をあけ、中へもぐりこむ。そしてまわりの材部をかじって部屋をつくり、そこに居を構える。

大切な材部をかじられた木のほうは、それに対抗するために液体を分泌する。おそらくはこの液体の力で、材部をかじっている虫を殺すか追い出そうとしているのだろう。けれどガの幼虫のほうはそれにひるまず材をかじりつづけ、大きくなっていく。

ボクトウガの幼虫が食物にしているのは、じつは木の材部ではなくて他の虫であることが、香川大学の市川俊英(としひで)さんの最近の研究で明らかになった。木の中にもぐりこんだボクトウガの幼虫は、樹皮に穴をあけて外へ通じる口をつくっている。木が出す液体はここから外へ流れだす。そして樹皮を濡らしながら発酵して、アルコール分を含んだ甘い液体となって、独特の匂いを出す。これがいわゆる「樹液」なのである。

いろいろな昆虫が、この樹液の匂いにひかれ、そういう場所に集まってくる。アブ、ハチ、ガ、甲虫そしてチョウ。じつに多くの虫たちが樹液をほとんど唯一の食物としているのだ。

ボクトウガの幼虫は木の中から顔を出し、こういう虫をあごで捕らえてひきずりこみ、食べてしまうのである。

カブトムシもこの樹液が好きで樹液の出ている木にやってくる。オスもメスも夜、林の中を飛びながら、樹液の匂いを頼りにこの餌場にやってくる。

幸いにしてカブトムシは大きいから、ボクトウガの幼虫の餌食(えじき)になることはない。彼らのおかげで滲(にじ)みでてくる樹液の恩恵に浴するだけである。食物にありついたカブトムシは一心に樹液をなめはじめる。そしてそこでオスたちは、出合ったオスと闘いをはじめ、相手の腹の下に角を突っこんで投げ飛ばそうとする。

こういうしばしの闘いののち、餌場を独占した大きなオスは、わき目もふらずに樹液をなめているメスに近づき、そのメスと交わる。子孫を残そうとするオスの営みは、これで終わる。

しかしメスにとってはこれが始まりである。

十分に餌もとり、受精もしたメスは、次は自分の子孫を残すために卵を産まねばならない。メスはその場所を求めて飛び立つ。

カブトムシの幼虫の食べ物は、発酵して腐葉土に化しつつある落葉である。メスはそういう落葉のあるところに卵を産む。近ごろではカブトムシはデパートでも売っている。幼虫飼育用の腐葉土もちゃんと売られている。子どもたちはそれを買ってもらい、自分の勉強部屋でカブトムシを育てている。メスは腐葉土を探す必要はない。それは自分が入れられたプラスチックの容器の中にちゃんと準備されている。腐葉土の匂いに誘われて、そこに卵を産めばいいだけだ。けれど自然の中で生きているカブトムシは、卵を産むべき場所を探さねばならない。

林の中には、去年の秋、北風に運ばれた落葉が堆積(たいせき)した凹地(くぼち)が、ところどころにある。そこでは積もった落葉が発酵して、独特な匂いを発している。卵を産もうとするカブトムシのメスは、その微(かす)かな匂いを求めて林の中を飛びまわるのである。

樹液の匂いと落葉の匂いが似ているとは思えない。どちらも発酵している匂いとはいえ、糖分を含んだ樹液はアルコールの匂いがする。落葉にはそんな匂いはないだろう。

樹液を求める空腹のときと、いよいよ卵を産もうとするときと、カブトムシのメスは二つの異なる匂いにひかれるのである。

こういうことは、たいていの虫でおこっている。食物に集まっていた虫は、あるとき、まったくべつの匂いを求めて飛び立つのだ。虫たちの小さな脳の中でこの切り替えの指令はどのようにして発せられるのだろうか？

いずれにせよ、落葉の中にもぐりこんでメスが産んだ卵からはカブトムシの幼虫が生まれ、発酵する落葉の温（ぬく）もりに包まれて、冬の間にすくすくと育つ。そして翌年の夏、また立派なカブトムシとなって現れてくるのである。

（二〇〇三年 七三歳）

鰻屋(うなぎや)の娘とその子たち

近ごろはとくにネコの話が氾濫(はんらん)しているので何となく気がひけるのだが、じつはぼくの家にもネコが三匹いる。この家ができあがって、一応完成祝をするときに、うなぎでもとろうかという話になった。洛北も岩倉より鞍馬(くらま)に近い田舎なのだが、幸い近くの木野に松乃鰻寮(まつのまんりょう)というしゃれたうなぎ屋がある。早速そこへ註文(ちゅうもん)に出かけていった。

おどろいたことに、じつにたくさんネコがいた。毛並も色つやもよく、かわいいのばかりである。「一匹どうですか？」といわれて「まあ、ちょっと考えてから」といったものの、こちらがネコ好きなことはたちまちにして読まれてしまったのだろう。三日後の夕方には、何人前かのうなぎと一緒に、牝(めす)の子ネコが配達されることになった。

このうなぎ屋の娘は、以前東京にいたときのネコと、びっくりするほどよく似ていた。たいへん美しい黒と白で、気だてもいい。そこで名前も継承して、リュリとよぶことにした。ぼくは日本人には発音のむずかしい名をネコにつけることにしている。リュリというのも、ほんとうはLurieなので、これをフランス語式に正しく発音するのはたいへんである。まず日本人には苦手のエル、つづいてこれまた至難な〔ü〕という母音、さらにアールで、しかもこれはフランス語風にのどをかすって出さねばならない。毎日何回かネコを呼ぶときに、これらのいやらしい音を発音する練習ができるように、というのがぼくの悲しい思惑なのだ。けれど、どれほど実効があったかは確信をもっていうことはできない。八月の末に届けられたリュリは、ほんの小さな女の子であった。しかし、翌年の四月には、隣家の白い牡ネコがリュリをつけまわすようになった。「リュリはもう子どもができるかも知れない」とぼくはいったが、ワイフはまるで気にしてはいなかった。「だってリュリはまだ子どもですもの」というのである。けれど、ときどきリュリが白ネコに向ける並々ならぬ関心のまなざしは、リュリがもう女であることを示していた。

「うちのリュリに限ってそんなことは……」というワイフの信頼を裏切って、リュリは四匹の子ネコを産んだ。まっ白が三匹、まっ黒が一匹、まるでメンデルの法則の実験のようだった。白一匹を残してほかの三匹がやっと人にもらわれていったころ、リュリは次の子を産んだ、今度の相手はまっ黒いのらネコだったので、子どもは黒が三匹、白が一匹だった。メンデルは今度も正しかった。この中の黒二匹が白い兄さんと、今いるわけである。かわいそうにリュリは、三度目の子ができて体が衰弱し、何でもない手術がもとで死んでしまった。

家の裏は雑木と杉の山なので、ネコたちはよくいろいろなものをつかまえてくる。いちばん多いのは、野生のハツカネズミ類——アカネズミとヒメネズミ——だが、これはしばらく遊んだあげくに、頭からうまそうに食べてしまう。それを見ていると、ネコの行動を研究した人々のいっていることが、ひじょうによく理解できる。ちょっと外へ出たなと思ったらすぐネズミをくわえて帰ってきたときには、たいへん長い間遊んでいる。おそらくネズミがあまりあっさりとれてしまったので、狩りの行動を構成する行動連鎖の衝動が、どれも満足されきっていないのだろう。

ネズミに次いで多いのは、ジネズミとかヒミズモグラといった食虫類である。食虫類には横腹に強烈な臭気を出す部分があるので、多くの食肉獣はきらって食わないといわれている。たしかに、うちのネコも彼らを捕えてくるだけで、けっして食べたことはない。そしてふしぎなことに、捕えられた食虫類は、外見上まったく無傷である。

ネコたちは鳥もよく捕える。ネコの狩りの行動パターンははじめから遺伝的にプログラムされており、学習によって学ぶのは何をえものとして捕えるかだけだとされている。リュリがスズメより大きな鳥をもち帰ってきて子どもに示したのを見たことはないのだが、黒い子ネコは若いキジバトまでとってくる。なんとなくふしぎである。

この間、イギリス製とかいう実物大のネコの置きものを買ってきた。すばらしくリアルにできていて、ほんもののネコと見まがうばかりである。あるとき、ふと一室に入ったら、白い牡ネコが全身の毛を逆立て、ものすごいうなり声をあげている。ぼくはてっきり牡ののらネコが侵入しているのだと思った。だが、そうではなかった。白ネコはその置物に闘争をいどんでいたのである。何分間もかけて、慎重に（つまり多大の恐怖心にやっとのことで打勝って）置物に爪の一撃を与えたとき、白ネコははじめて相手が真の生きたネコではないことに気がついた。

動物の行動を解発するリリーサーが何かを研究しているぼくにとって、これはたいへんおもしろいできごとであった。ネコにとってはいささか腹にすえかねる事件であったろうけれど……。

（一九七八年 四八歳）

ネコの時間

いったいネコは人間のことを何だと思っているのだろう？　何匹かのネコと一緒に暮らしているると、いつもそのことを考える。

ネコは人になつくのでなく、家になつくのだと、よくいわれる。たしかに人間の存在など気にもかけず、スーッと家から出ていったり、いつのまにやらどこからか戻ってきて、椅子の上ですまして眠っていたりするのを見ると、そんな気もしてくる。

けれど、すこしネコを飼ったことのある人ならよく知っているとおり、飼われているネコはあきらかに人間にもなついている。なついているどころではなくて、人間にまったく依存しきっている。飼い主がある期間以上家をあけでもしたら、たとえ食べものはたっぷり与えられていても、ネコは気が狂ったようにさわぐ。そして、飼い主の足音や車の音がきこえたら、全員玄関にとびだしてくる。それはけっして餌欲しさからではないようである。

そのように人間になついたネコも、一日の一定の時間になると、ネコどうしで遊びはじめる。ふだん歩くときは足音を忍ばせ、まわりの物に注意深く気をくばってやたらにひっくりかえしたりしないネコたちが、いったん遊びに熱中したらまるで「人がかわった」ようになる。ドドドドドッとすさまじい物音を立て、そこらじゅうのものをけちらかして、おそらくは狩人ごっこなのだろう、跳びかかり、追跡し、ころげまわる。こういうとき、彼らは人間のほうなど見向きもせず、人に呼ばれても返事一つしない。彼らは完全にネコになっているのだ。

この遊びのひとときが終わると、彼らはベッドか椅子の上へ上りこみ、くるっと丸くなって眠りこんでしまう。このとき、彼らが好む布がきまっているのも、ネコ好きの人ならよく知っているはずだ。ふしぎなことに、毛皮というのはそれほど好かれない。むしろ、比較的荒い目のベッド・カバーなどのほうが好きである。ネコ族の動物はふつう巣というものは作らないから、彼らは寝場所を巣と思っているのではない。

かと思うと、ときどき彼らは、食器棚の上のような高いところにじっとすわりこんでいて、頭の上からニャアと小声で鳴いたりする。彼らは木の上にとまっているつもりなのだ。そんなとき、だれでもきっとルイス・キャロルのあのネコ(1)のことを思いだすだろう。でも現実のネコは笑いだけ残して消えてしまうことはない。

パック・ハンター、つまり群れ(パック)を作って狩りをするイヌなどでは、群れにリーダーがおり、他のイヌはそのリーダーに従っている。そして、リーダーは飼い主を自分のリーダーだと思っている。イヌはこのシステムに従って、飼い主になつくといわれている。だから、飼い主はリーダー・イヌと思われているのである。飼い主の家族に対してイヌが「差別」をつけてなつくのは、イヌの社会に順位のあることとの反映である。

けれど、ネコの社会はまったくちがう。ネコは本来群れを作らぬ単独狩猟者である。それぞれがなわばりをもっているが、このなわばりは比較的ゆるやかなもので、なわばりの中で二匹のネコが鉢合わせしないかぎり、闘争にはならない。自分のなわばりの中をよそのネコが通ってゆくのを、どこかにすわって、じーっと目で追ってゆくだけである。もちろん、リーダーとか順位は、本来的には存在していない。そうするとネコはなぜ人間になつくのであろうか？

ネコに手を出すと、しきりにペロペロとなめる。これは親ネコが子ネコにする動作、ないし子ネコどうしがする動作で、きわめて反射的なものであるらしい。ある状況のもとで目の前に出てきたものは、毛が生えていようといまいと、ある回数はなめる。ほんとうのネコどうしだと、次に相手の体を軽く咬む。甘えんぼのネコが、人間に咬みつくのも、この動作の延長である。ネコはたいへん親愛の情をこめて、しかも注意ぶかくグルーミングをしているつもりなのだろうが、悲しいことに人間の肌は毛もないし、やわらかい。ときどきざっくり歯を立てられて、血が流れることがある。そのときのネコの驚き！　こんなつもりじゃなかったのに……という表情がありありと読みとれる。人間はネコにとって、やはりネコであったのだ。

（一九七八年　四八歳）

ネコの家族関係

前にこの欄でネコのことを書いて以来、ぼくの家にはやたらとネコがふえてしまった。鰻屋の娘にはじまる一族が、ついひと月ほど前に生まれた四ヒキの赤んぼを含めて八ピキいる。おかげで家じゅうにネコのにおいがしみついてしまった。ぼくはもう感じなくなってしまったが、来客はびっくりするらしい。ネコ・アレルギーの人は、てきめんにくしゃみをはじめたり、鼻がくすくすするといいだす。要するに家じゅうがネコの巣になってしまったのだ。

けれど、ネコは巣というものを作らないから、このいいかたは妥当でない。ほんとうは、ぼくの家はネコたちのなわばりになってしまったというべきなのだ。

本来、一つのなわばりの中におすネコは一ピキ以上は住まないはずなのだが、そこは人に飼われた動物のこと、うちの一族の中の大きなおす二ヒキは、何のトラブルもなく、毎日をすごしている。トラブルがないどころではない、大きなおす同士がぴったり体を寄せあったり、重なりあったりして、眠りこけている姿は、なんだか異様である。全身に柔かい毛を生やすことを考えついた哺乳類は、体の触れあいの楽しみを、鳥や爬虫類にくらべて格段に増大させたらしい。ネコたちは何かというと、体のできるだけ多くの部分を触れあわせようとする。ネコがわれわれ人間にも体をすり寄せてくるのも、その一つにすぎない。人間ではこのような触れあいが、性的な文脈の中に閉じこめられる傾向があるけれども、それはほんとうは悲しむべきことなのかもしれない。

ネコたちは、よく窓わくの上に坐っている。そして真剣に外を凝視している。黒いのらネコがそこらを通らないか、自分たちのなわばりであるこの家へ侵入してこないかと見張っているのである。こういうときは、ぼくらが呼びかけてもめったに振向かない。振向いても、きわめて迷惑そうな面持ですぐまた外の監視をはじめる。

窓わくにねそべって、家の中を見ていることもある。そんなときにぼくらが通りかかると、目をあげて小さくニャーと鳴く。これは明らかにあいさつなのだが、何のためのあいさつなのだか、はっきりとはわからない。

おもしろいのは、このとき、こちらがじっとネコをみつめると、ネコが必ず目をつむることである。ネコが目をあけたとき、なおじっと見すえることを繰返すと、ネコはいきなり立上って、どこかへいってしまうことがある。それは明らかにこちらが悪いのであって、ネコにたいへん失礼をしているのだ。ネコがニャーと鳴いてこっちを見たら、こちらも何か声をかけながらネコをちらりと見てすぐに目をつむるべきなのだ。おすネコ同士も、どうやらこのあいさつをかわしているらしい。そういうところは、人に飼われていてもちっとも変化していない。

おそろしく変わってしまったのは、家族関係である。のらネコでは夫婦が子を連れて歩いたり、春に生まれた子が秋に生まれた妹の世話をしたりすることはない。ところが一つのなわばりの中に父も母も兄も姉も弟も妹もそろっていることになると、「ほほえましい」光景が生じる。父や兄は、はじめ子ネコに対してまるで魔物だと思っているかのように振舞う。母親のいないとき、眠っている子ネコたちのかたまりにおそるおそる近づいてゆくが、子ネコが目をさましてムクッと動くと、さも怖(おそろ)しそうに立去ってしまう。むりやり子ネコの上へ置いてやると、とびあがって逃げだす。おすが子ネコを攻撃しないためのシステムなのであろう。けれど、一か月もすると、大きなおすネコが子ネコたちの中にねころんで、ペロペロなめてやっており、母親は遠くで大の字の昼寝ということになる。姉さんネコにははじめから何の抑制もない。自分も母親の乳を吸いにゆき、ついでに子ネコたちをなめてやる。ネコも所詮は人間なのだ。

（一九七八年 四八歳）

町の音

1［流行性脳炎］日本脳炎、嗜眠性脳炎などの総称。日本脳炎を指すことが多い。脳などに重大な障害をもたらすことから恐れられた。**2**［ルドフスキー］バーナード・ルドフスキー（一九〇五―八八）。オーストリア出身のアメリカの建築家。近代西洋建築以外の建築に着目したことで知られる。代表著作に『建築家なしの建築』など。

人間の領域

1［リチャード・ドーキンス］イギリスの進化生物学者（一九四一―　）。代表作『利己的な遺伝子』は日高ほか共訳で邦訳が出版されている。

ユクスキュルの環世界

1［第一章］本書収録の前篇「ネコたちの認識する世界」のこと。**2**［ユクスキュル］ヤーコプ・フォン・ユクスキュル（一八六四―一九四四）。エストニア出身のドイツの生物学者。それぞれの動物に特有の知覚「環世界」の概念を提唱、後述のクリサートとの共著『生物から見た世界』が代表作。**3**［クリサート］ゲオルク・クリサート。ユクスキュルとともに環世界研究所で研究。『生物から見た世界』のイラストを分担。**4**［カント］イマヌエル・カント（一七二四―一八〇四）。近代西洋哲学を代表するドイツの哲学者。

チョウという昆虫

1［トビケラ］トビケラ目の昆虫。チョウと共通の昆虫から進化したと考えられている。**2**［膜翅類］ハチ目。昆虫でもっとも多い群で、一二万種以上が知られる。ハチ、アリなどの仲間。

赤の暗黒

1［フリッシュ］カール・フォン・フリッシュ（一八八六―

一九八二)。オーストリアの動物行動学者。ニコ・ティンバーゲン、コンラート・ローレンツとともにノーベル医学・生理学賞を受賞。ミツバチのダンス言語の発見で知られる。

ホタルの光

1［デュボア］ラファエル・デュボア(一八四九―一九二九)。フランスの医学者・生理学者。

ギフチョウ・カタクリ・カンアオイ

1［すでに書いた］本書収録の前篇「カタクリとギフチョウ」のこと。

概年時計

1［菌類］狭義には、菌類(菌界)はキノコ、カビなどの真菌類を指すが、ここでは粘菌も含んで「菌類」と称している。現在では粘菌は菌類(菌界)ではなく原生生物界に分類されている。

春の数えかた

1［伊吹山］滋賀・岐阜県境にある山(山頂は滋賀県)。標高一三七七メートル。日本百名山。山域と周囲は豪雪で知られ、一九二七年二月一四日の一一・八二メートルの積雪量は現在でも世界記録。**2**［梅一輪…］松尾芭蕉の弟子・服部嵐雪の句。

ネコの時間

1［ルイス・キャロルのあのネコ］チェシャネコのこと。『不思議の国のアリス』に登場する架空のネコ。アリスに道を教えるが、その後、姿のない笑い(ネコのない笑い)を残して消え去る。

日髙敏隆

ひだか・としたか（一九三〇～二〇〇九）

動物行動学者

生まれ・結婚

昭和五（一九三〇）年二月二十六日、東京府豊多摩郡渋谷町に誕生。成城学園中学・高等学校（部活動は生物部）を経て、東京大学理学部動物学科卒業。在学中から岩波書店の辞典編集のアルバイト（のち嘱託）をしていた。東大大学院修了後、理学博士号取得（博士論文は「アゲハチョウ蛹における形態学的体色変化の内分泌的機構の研究」）。昭和四十一（一九六六）年、後藤喜久子と結婚。喜久子（K・i・k・i）はのちに、日高の本のイラストを多数手がけた。

勤め

東京農工大学農学部教授、京都大学理学部教授（のち名誉教授）、同理学部長、滋賀県立大学初代学長、総合地球環境学研究所初代所長などを歴任。

交友

ムツゴロウこと畑正憲は大学時代の後輩。大学院時代には成城の柳田國男宅に下宿したことも。心理学者の岸田秀とはフランス留学時に交友。ほか安野光雅、岩合光昭、篠田節子、筒井康隆、山下洋輔など分野を問わず幅広い交流があった。

昆虫

幼少期から筋金入りの昆虫好きだったが、父が昆虫を学ぶことに反対。教師によるいじめもあり自殺まで考えるが、小学校の担任米丸三熊が父を説得、昆虫研究が許された。特にチョウを愛好、飼育から二年がかりで撮影し、モンシロチョウの行動の謎に迫った岩波科学映画「もんしろちょう――行動の実験的観察」（演出・脚本：羽田澄子）を指導したことも。

動物行動学

欧米でも新しい学問だった動物行動学の日本における草分け。昆虫をはじめ、動物の行動のしくみ、機能、発達、進化の解明に尽力。日本動物行動学会初代会長も務めた。動物行動学の創始者の一人、コンラート・ローレンツとも親しかった。動物や昆虫の不思議を軽妙洒脱に紹介するエッセイにも定評があった。

語学

フランス語や英語、ドイツ語、ロシア語に堪能で、歴史的名著の翻訳を多数手がけた（主な書名は次ページを参照）。オランダ語、モンゴル語、マレー語なども学んだ「語学の達人」だった。戦時疎開した秋田県大館で学んだ「東北弁」も生涯大切にした言葉の一つ。

もっと日高敏隆を知りたい人のためのブックガイド

「春の数えかた」日高敏隆著、新潮文庫、二〇〇五年
日本エッセイスト・クラブ賞受賞作。自然界の「なぜ?」を平易でユーモアあふれる文章で解説し、ときには自分で実験してみるという姿勢は、まさに科学エッセイのお手本。

「動物と人間の世界認識」日高敏隆著、ちくま学芸文庫、二〇〇七年
動物も人間も、自分の認識から構築した世界=イリュージョンを生きているだけだ——さらに著者は、動物と人間の世界認識の違いにも言及。後掲「生物から見た世界」への入門にも。

「人はどうして老いるのか」日高敏隆著、朝日文庫、二〇一七年
老いも死も、遺伝子のプログラムであると本書は説く。日高流のユーモアを交えながら、生物学における老いや死の意味、そしてどうそれらを受け入れて生きればよいのかを指南。

「生物から見た世界」ユクスキュル/クリサート著、日高敏隆/羽田節子訳、岩波文庫、二〇〇五年
生物はそれぞれ異なる世界認識を生きているという「環世界」の概念を提唱、日高も多大な影響を受けた名著。生物学はもちろん、ハイデッガーなどその後の哲学にも影響を与えた。

「利己的な遺伝子」ドーキンス著、日高敏隆/岸由二/羽田節子/垂水雄二訳、紀伊國屋書店、二〇〇六年(増補新装版)
本のタイトルや「生物の個体は遺伝子の乗り物」という誤解されやすいテーゼが一人歩きしがちだが、自然選択と生物の進化をロジカルに解説した一冊。

その他、主な訳書に**「ソロモンの指環」**(ローレンツ著、日高敏隆訳、ハヤカワ文庫NF、一九九八年)、**「攻撃」**(ローレンツ著、日高敏隆/久保和彦訳、みすず書房)、**「鼻行類」**(シュテュンプケ著、日高敏隆/羽田節子訳、平凡社ライブラリー、一九九九年)、**「かくれた次元」**(ホール著、日高敏隆/佐藤信行訳、一九七〇年)など、歿後の追悼文集に**「日高敏隆の口説き文句」**(小長谷有紀/山極寿一編、岩波書店、二〇一〇年)がある。

本書は、以下の本を底本としました。
「町の音」「ギフチョウ・カタクリ・カンアオイ」「わかってもらえない話」…『人間はどこまで動物か』新潮文庫、二〇〇六年
「動物たちの自意識」「常識と当惑」「概年時計」「二重保証」「秋の落葉とカブトムシ」…『セミたちと温暖化』新潮文庫、二〇一〇年
「生物たちの論理」「人間の領域」…『生きものの流儀』岩波書店、二〇〇七年
「ネコたちの認識する世界」「ユクスキュルの環世界」…『動物と人間の世界認識』ちくま学芸文庫、二〇〇七年
「チョウという昆虫」…『日高敏隆選集Ⅵ 人間についての寓話』ランダムハウス講談社、二〇〇八年
「赤の暗黒」…『日高敏隆選集Ⅶ 帰ってきたファーブル』ランダムハウス講談社、二〇〇八年
「ホタルの光」「鰻屋の娘とその子たち」「ネコの時間」「ネコの家族関係」…『犬のことば』青土社、二〇一二年
「カタクリとギフチョウ」「動物の予知能力」「春の数えかた」「セミは誰がつくったか」「ボディーガードを呼ぶ植物」…『春の数えかた』新潮文庫、二〇〇五年
「ドジョウは何を食べている？」「オタマジャクシの恐怖物質」「ミズスマシの水面生活」「水面を走るアメンボ忍者」「カタツムリの奇妙な生活」「ヘビは自然の偉大なる発明」「トンボとヤゴの驚くべき仕組み」…『ネコはどうしてわがままか』新潮文庫、二〇〇八年

表記は、新字新かなづかいに改め、読みにくいと思われる漢字にはふりがなをつけています。また、今日では不適切と思われる表現については、作品発表時の時代背景と作品価値などを考慮して、原文どおりとしました。

なお、文末に記した執筆年齢は満年齢です。

STANDARD BOOKS
日高敏隆　ネコの時間

発行日――2017年10月11日　初版第1刷
　　　　　2018年9月1日　初版第3刷

著者――日高敏隆
発行者――下中美都
発行所――株式会社平凡社
東京都千代田区神田神保町3-29　〒101-0051
電話（03）3230-6580［編集］
（03）3230-6573［営業］
振替　00180-0-29639

印刷・製本――シナノ書籍印刷株式会社
編集――田中光則
編集協力――大西香織
装幀――重実生哉

ISBN978-4-582-53163-3
NDC分類番号914.6　B6変型判（17.6cm）　総ページ224
平凡社ホームページ http://www.heibonsha.co.jp/

STANDARD BOOKS　刊行に際して

STANDARD BOOKSは、百科事典の平凡社が提案する新しい随筆シリーズです。科学と文学、双方を横断する知性を持つ科学者・作家の珠玉の作品を集め、一作家を一冊で紹介します。

今の世の中に足りないもの、それは現代に渦巻く膨大な情報のただなかにあっても、確固とした基準となる上質な知ではないでしょうか。自分の頭で考えるための指標、すなわち「知のスタンダード」となる文章を提案する。そんな意味を込めて、このシリーズを「STANDARD BOOKS」と名づけました。

寺田寅彦に始まるSTANDARD BOOKSの特長は、「科学的視点」があることです。自然科学者が書いた随筆を読むと、頭が涼しくなります。科学と文学、科学と芸術を行き来しておもしろがる感性が、そこにあります。

現代は知識や技術のタコツボ化が進み、ひとびとは同じ嗜好の人としか話をしなくなっています。いわば、「言葉の通じる人」としか話せなくなっているのです。しかし、そのような硬直化した世界からは、新しいしなやかな知は生まれえません。

境界を越えてどこでも行き来するには、自由でやわらかい、風とおしのよい心と「教養」が必要です。その基盤となるもの、それが「知のスタンダード」です。手探りで進むよりも、地図を手にしたり、導き手がいたりすることで、私たちは確信をもって一歩を踏み出すことができます。規範や基準がない「なんでもあり」の世界は、一見自由なようでいて、じつはとても不自由なのです。

このSTANDARD BOOKSが、現代の想像力に風穴をあけ、自分の頭で考える力を取り戻す一助となればと願っています。

末永くご愛顧いただければ幸いです。

2015年12月

ロゴマークデザイン：重実生哉